童年最重要的事
建立安全依恋

托德老师 董一诺 著

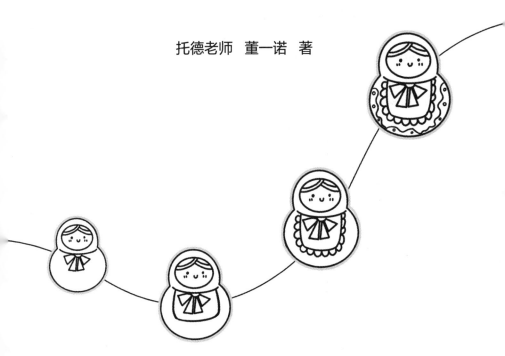

机械工业出版社
CHINA MACHINE PRESS

与孩子建立安全依恋关系的重要性再怎么强调也不过分。本书主要针对0~6岁孩子的父母，分享了依恋的重要性，依恋关系理论的诞生过程，与孩子建立和修复依恋关系的方法，以及父母如何修复自身的依恋关系，是一本关于依恋关系的心理学科普图书。本书可以帮助更多的父母重新审视自己的养育行为，指导父母与孩子建立安全的依恋关系，在生命早年为孩子的健康成长涂上明亮的人生底色。

图书在版编目（CIP）数据

童年最重要的事：建立安全依恋 / 托德老师，董一诺著. — 北京：机械工业出版社，2023.4

ISBN 978-7-111-73260-0

Ⅰ.①童… Ⅱ.①托… ②董… Ⅲ.①婴幼儿心理学–通俗读物 Ⅳ.①B844.12–49

中国国家版本馆CIP数据核字（2023）第098634号

机械工业出版社（北京市百万庄大街22号　邮政编码100037）
策划编辑：刘文蕾　　　　　　责任编辑：刘文蕾
责任校对：薄萌钰　陈　越　　责任印制：张　博
北京汇林印务有限公司印刷
2023年8月第1版第1次印刷
145mm × 210mm · 7.5印张 · 305千字
标准书号：ISBN 978-7-111-73260-0
定价：59.80元

电话服务　　　　　　　　　网络服务
客服电话：010-88361066　　机 工 官 网：www.cmpbook.com
　　　　　010-88379833　　机 工 官 博：weibo.com/cmp1952
　　　　　010-68326294　　金 书 网：www.golden-book.com
封底无防伪标均为盗版　　机工教育服务网：www.cmpedu.com

自序一

我在这些年的心理咨询工作过程中，总是需要与来访者的"过去"打交道。这个"过去"的起点就是童年！每当来访者带着我回忆他们童年的时候，有一个核心的问题总是无法回避——他们与养育者的依恋关系如何。大量的科学研究发现，一个成人的心理问题与他（她）童年是否与主要养育者形成了安全的依恋关系密切相关。可以说，依恋关系是衡量心理健康与否的重要"风向标"。在我超过5000例的个案咨询中，很希望找到一些例外——比如，有严重心理问题的人，从童年开始就建立了安全的依恋关系！很遗憾，我几乎没有找到这样的例外。那些明显表现出心理障碍的来访者，基本上都有着不安全的依恋关系。他们或是从小被父母忽略，送到老人或亲戚家寄养；或是被严苛甚至粗暴地对待，甚至还经受了难以忘怀的童年创伤。这不得不让我开始思考——如果我们能在孩子年幼甚至是妈妈怀孕的时候，向父母普及与依恋相关的知识，很多的悲剧和痛苦不是就可以预防和避免了吗？全世界很多心理学家都在做这样的事情，我想我们也不能落后。

虽然与依恋相关的心理学知识已经在中国传播了 20 多年的时间，但是大部分家长对这个概念仍然是陌生的。我在加拿大访问的时候，随机询问了一些当地的家长，结果发现他们对"依恋"这一概念如数家珍，也基本知道如何与孩子建立安全的依恋关系。这更加让我这个职业科普人感到责任重大，希望我们国内的家长也能普遍掌握这个育儿当中的"黄金概念"。为了提升这部作品的品质，我邀请到了自己非常欣赏的董一诺老师与我合著。她是我见过的在育儿科普领域少有的能做到"知行合一"的一位科普人，我们每次关于本书内容的讨论都能碰撞出不少思想的火花。希望这次合作能集合我们两位心理学科普人的力量，创作出一本适合所有父母阅读的"依恋"主题启蒙读物。

为了提高本书的可读性，我们决定采用漫画的形式展示依恋形成过程中那些用语言描述还不够直观的内容。于是，我们邀请到了画风独特，同时也对儿童心理学知识很感兴趣的蒋真老师作为我们的插画师。在我们三人的共同努力下，在8个月不断打磨的时光中，我们的作品出炉了。

我们希望这本书能够成为深受父母喜爱、通俗易懂的依恋关系入门图书。我们在全书结构上将其分为了两个部分：第一部分是认识依恋，致力于让广大父母比较轻松地理解"依恋"这个心理学概念。第二部分则偏向于实操，目标是让父母将依恋关系以及抱持性养育方法运用于实际生活当中，使得自己与孩子的依恋关系产生一定程度的积极改变。

为了便于大家阅读，我们使用了相对轻松的、通俗易懂的写作风格，并且整理出了全书的内容逻辑图（见下页）。读者可以结合两者一起来阅读，第一遍通读，第二遍对照内容逻辑图进行消化总结，这样更有利于把本书内容学以致用。

愿这样一本聚焦依恋关系的科普读物，能够带给孩子们一个更美好、幸福的童年，为父母们开启一段更骄傲而温暖的养育之旅！

托德老师
于加拿大卡尔加里

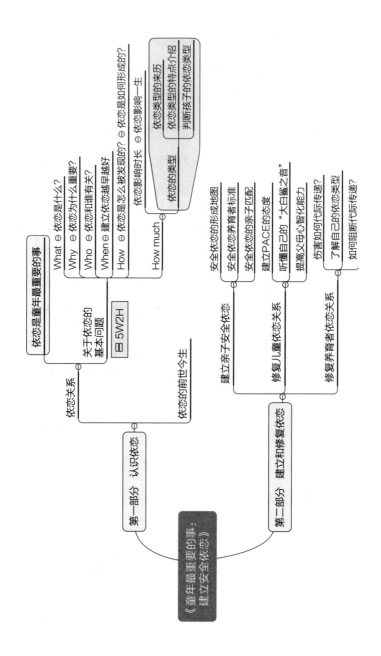

自序二

　　我与托德老师相识于 2018 年的夏天，当时他正在为托德学院一门与儿童情绪管理相关的新课寻找审核专家。本来他找的是我研究生时的同学，也是在儿童教育领域深耕多年的丁颖老师。丁老师工作排不开，于是推荐了我。没有想到，这开启了我之后四年多跟托德老师多次合作的奇妙缘分。

　　我在北京，他在长沙。虽然这么多年，我们只有一次因为托德老师来北京参加活动见了次面，其他时间都只是"网友"，但是这并不影响我们之间的顺畅合作。我们一起录过节目、做过课程、开过直播，我也在托德学院的其他课程中做过专家团成员、审过稿。每一次新的尝试，都觉得乐趣无穷。因此，当托德老师提出"我们不如合作写一本书吧"，我欣然接受了。因为我们想写的，是对于亲子关系形成、儿童心理发展如此重要的"依恋"。

这本小书完成得并不顺畅。我和托德老师都还有自己的本职工作，写书的时间本来就要靠挤。写这本书的初稿时，是北京的五月，正是满树繁花吐蕊飘香的时候，我们却因疫情被封控在家中，时间更是变得挤无可挤。两个大人两个孩子被困在小小的家中，一日三餐需要操心，公司有新项目要跟进，老大上网课一会儿要拍照一会儿要打印，老二更觉得妈妈在家就该陪她玩，导致我完全没有静下心来码字的时间。

那段日子最心虚的就是看到微信上托德老师发来新消息，总担心他催问我初稿的进展。好在托德老师特别能够理解，他在家里的时候，也会拿出更多的时间陪他的女儿，只有躲进酒店才能专心写稿。当我们聊到这点的时候，彼此深深地共情，毕竟我们写的是一本关于依恋的图书，如果我们不能够知行合一，为了自己想做的事粗暴地拒绝我们的孩子，那么我们写书的意义何在？

除了时间宝贵，我自己的心态也不稳定。在查找文献、搜集参考资料的过程中，我常常有挫败感。因为依恋这个话题如此重要，世界各国的心理学前辈们、同行们已经做出了非常多、非常细致的研究。无论是理论发展，还是治疗实践，再细小的分类都有海量的专著和文献，以至于有好几次我都觉得没有办法再写下去了。如果前人已经有了这么多的贡献，我们写这本书的意义究竟何在？

这个时候，还是要感谢托德老师给了我力量。他告诉我，我们的定位是做一本能让没有任何心理学背景的人也能轻松读下去的入门级依恋科普书。

这个定位点醒了我。回想我最初通过自媒体做心理学科普的初心，就是因为在临床上看到了太多出问题的孩子，到那个时候父母再找我们，很多事已经很难弥补。于是我希望能让越来越多的家长尽早地了解儿童心理发展的一些基本需要和规律，减少出问题的概率。但是，我个人的文字风格偏学院派，用词用语都不那么接地气。也许在我看来一些概念和术语完全没有解释的必要，但在一些家长眼中就变成了阻碍他们接受和理解的鸿沟。如果仅仅因为这样，就导致家长无从得知"依恋"这么重要的概念，岂不是违背了我们的初心？

好在托德老师更擅长从读者的角度出发，将内容变得轻松易读。在二稿、三稿的修改过程中，他跟我沟通最多的就是：这个概念我们能用一个案例或故事解释一下吗？这个理论怎么样能说得更直白？这个名词如何用插画更形象地表达？

我们是真心地希望，这本小书能够帮助普通的父母更好地了解依恋，认识到对孩子发展来说，心理需求和生理需求一样重要，然后能够在养育之初就为孩子的心灵地图涂上"安全"底色。

在这本小书成形的过程中，我有很多人要感谢。首先要感谢的是我那两个宝贝女儿，与她们相处的经验丰富了我对依恋理论的理解，写这本书的过程也帮助我再次回顾和梳理了她们两人成长的点点滴滴。我发现，即便学临床心理学出身，也一直在做科学养育的工作，但当我作为妈妈时，还是难免有盲区，很多地方做得很不够。书中也记录了因为我的疏忽给孩子带来极大不安全感的"错误示范"，也让我更坚定了让更多养育者更早地了解依恋理论的决心。其次要感谢我北大心理与认知科学学院的老师们：钟杰老师、姚萍老师和魏坤琳老师，感谢他们对这本小书给予的鼓励和专业的建议，以及我的同行李京老师，她帮我完善和丰富了案例。

最后，我想说的是，我和托德老师都只是从事心理学行业的普通人，尽管我们努力将所学呈现出来，也难免挂一漏万。如果出现疏漏和不严谨的地方，敬请指正，我们将不胜感激。

董一诺
于北京

目　录

第一部分　认识依恋

02

第2章
依恋关系理论的诞生 / 033

第二部分　建立和修复依恋

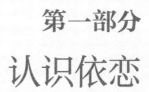

第一部分

认识依恋

第 1 章
什么是童年最重要的事?

很多了解"依恋关系"有多重要的父母,总是会说"如果可以重新养育一次孩子,一定尽自己最大努力与孩子建立安全的依恋关系",从而为孩子的一生涂上明亮的底色。

出于人的本能,几乎每一位父母都爱自己的孩子,但并不是每一位父母都懂得如何爱自己的孩子。于是,不懂得如何爱孩子的父母可能错过了孩子一个又一个"等爱的时期"——婴儿时光、幼儿岁月和儿童时代,最后得到一个充满愤怒、自我封闭、无限迷茫的少年。不要怪孩子太叛逆、不懂感恩,其实在孩子变成这样之前,他们已经等待了父母无数个日日夜夜。可以说,任何一个转身离去的孩子,都在寒风中等待了太久,直到他觉得在父母这里再也等不来他所想要的爱，于是，他才会用一种异化的面孔来对待本应与他最亲密的人。

我们已经在几千例的心理咨询中，遇到了太多无助的青春期孩子的家长和绝望的孩子。他们彼此对抗、相互指责、相爱相杀，最后变成了"最亲密的敌人"。虽然我们在心理咨询与治疗当中尽职尽责，尽最大努力帮助修复那些已经被破坏了的亲子关系。但我们更希望那些因为父母"不懂爱"而造成的悲剧不再发生。

因此，我们两人决定一起从"如何爱孩子"这件事情着手科普一下"建立安全依恋"的重要性及方法。

到底怎么爱孩子呢？关于育儿的知识浩如烟海，各种书籍、视频、文章各抒己见，然而最后家长还是不知道如何爱孩子！所以，经常有人问我们："育儿知识太多了，我平时工作又很忙，如果只想学一点儿最重要的育儿知识，你们会推荐什么呢？"

童年最重要的事：依恋

听到这样的提问，其实我们并不赞同父母把育儿过程中的学习当作"额外负担"的想法，但如果大家想从最重要的育儿知识开始了解，我们一定会毫不犹豫地告诉你，童年最重要的事情之一，就是帮孩子建立起安全的依恋关系！这是我们两位作者和众多的心理学家都认可的，也是成为合格父母的第一课。

依恋，有这么重要吗？

那我们来听一个故事以便认识它吧。

小星是公司里最受欢迎的那个人，他脾气好又热情，如果谁有问题请教他，无论他在做什么，都会停下手里的工作耐心地给别人讲解。久而久之，小星成了大家公认的热心肠，如果谁需要找个人帮忙，无论是打印文件、收发快递这样的小事，还是修改设计方案、协同拜访这类比较麻烦的事，都会第一时间想到他。甚至有些人，把一些自己该做却并不想做的事情，随便找个借口转给他做，只要恭维几句"星哥工作能力超群"之类的话，他似乎都会心甘情愿地接受。

当然，小星也有自己的烦恼，那就是找他帮忙的人太多了，他自己的工作往往要被推到很晚才能开始做，几乎每天都要加班到深夜。有时他也很想拒绝，但话到嘴边总是说不出口。于是他习惯了一边工作一边抱怨，抱怨客户难缠，抱怨考核不合理，抱怨午饭难吃……当然，也会向家人抱怨别

公司"帮忙超人"小星

小星对他人的帮助渐渐
失去了界限

人明明可以自己做却推给他做的那些事。

他并不是无法分辨，他只是无法拒绝。

"你担心什么呢？"当他再一次向朋友抱怨明明是别人的事情却都推给他做的时候，朋友看着他的眼睛，认真地问他。

"担心？我不担心啊。我只是说他明明可以自己做，凭什么都让我帮忙！"

"那你为什么不直接跟他这么说呢？"

小星愣了好久，没有说话，走开了。

原来，小星是由妈妈一个人抚养长大的。或许是因为生活太累太苦，也或许是因为妈妈性格使然，小星记忆中的妈妈总是很少笑，也很少跟他聊天。每天就是简单几句话，例如"吃饭了""快去睡觉"之类的，最长的一句话是："你再不听话我就揍扁你！"

小星印象最为深刻的是一个除夕夜，当时外面已经传来了密集的鞭炮声。家里没有开灯，妈妈坐在炕上紧贴着墙，只有在外面火光闪现的时候能映照出妈妈的脸。那是一张毫无表情的脸，看不出悲喜。

小星躺在床上，他饿极了，不停地舔着自己的嘴唇。但妈妈似乎还没有做饭的意思，他不敢问，问了也没用。已经多少次了？小星记不清了，但他很清楚地知道，如果妈妈没打算做饭，即便他说自己饿了，妈妈也不可能去做的。小星决定睡过去，睡着了就不会觉得饿了。

类似的事情，从小到大发生过很多次。同学间流行的小玩意儿、好吃的零食或者是新奇的玩具，无论小星如何央求，妈妈的回答总是："不买，又没啥用。"渐渐地，小星明白了：求妈妈是没有用的。

但小星不明白的是，为什么别的小朋友都可以有，就自己不行？难道是因为自己不听话，老惹妈妈生气？

受童年依恋关系影响的小星

有一天，小星突然跑到朋友面前说："那天你问我在担心些什么，我想，或许我担心如果我不帮他们的忙，他们就不喜欢我了！"

谜底就这样解开了。

（注：为了便于读者理解，小星的案例经过高度简化，在临床咨询中不会这样简单就得出结论，需要排除其他各种可能性。）

对于小星来说，问题很大程度上来自于他成长过程中形成的不安全的依恋关系。你可能会发现，有的人敢于冒险、任性，敢于面对冲突，并且能够顺利地化解冲突；而有的人则活得小心翼翼，不敢冒险，不敢拒绝，不敢维护自己的权益，经常为了获得别人的认可而付出超出自己承受能力的努力，为的只是避免别人"不喜欢"自己。为什么他们会这么没有安全感呢？这可能要追溯到他们小时候的种种经历。

我们先来看看，一个人的安全感在童年时期是怎么被建立起来的。心理学家研究发现，**依恋是一种被印刻在基因层面的本能，也就是一个孩子想要有安全感必须通过一种叫作"依恋"的游戏规则建立起来。**

孩子有需求的时候，会用各种信号向养育者传达信息，比如，当童年的小星肚子饿的时候，他"看向妈妈"的这个动作，或者他觉得害怕和不安全的时候，躲到妈妈的背后或者要抱抱的动作，这都是他向自己的"依恋对象"去寻求安全感的信号，这也就是儿童建立安全感的第一个动作。

如果孩子这种寻求安全感时发出的信号能够被养育者及时发现并且给予回应，那么孩子就会得到抚慰。他们的大脑就会收到"我是可爱的，照顾者是值得信任的，世界是安全的"等一系列的反馈。这让孩子们降低了心理防御，进而允许另一个人在身体上、情感上亲近他们，并且更愿意去探索未知的世界。这时，安全依恋便得以形成。相反，当一个孩子的需求得不到回应，他的安全感会降低，自尊心会受挫，自我评价也会降低，不安全的依恋也就此形成。

美国临床心理学家、双向发展心理治疗研究所（DDPI）主席丹尼尔·A. 休斯（Daniel A.Hughes）在其《爱与教养的双人舞》一书中写道："在安全依恋里，孩子能在依靠依恋对象和依靠自我发展这两者间取得平衡。比起只依赖自己或他人，懂得相互依存的生命之路更难能可贵。"

然而，这正是小星的困境。妈妈对他的忽视和冷漠让他形成了"我是不值得被爱的，别人都不喜欢我，世界不够安全"的核心信念。所以，他自己缓解"不安全感"的方式就是——我要努力对别人好，这样别人就会喜欢我。这也解释了为什么即便感到不公平、很疲惫，小星也要扮演一个"老好人"的角色。

但是如果，我是说如果，小星的妈妈在那些年没有遇到那么多挫折和磨难，如果她能够及时满足儿子的需求，现在的小星又会是什么样呢？

大量研究证明，在生活环境相对稳定的前提下，早期形成的依恋关系会影响孩子日后人格和社会性的发展。如果把孩子的心理比作一张用来画画的白纸，那么他们从安全依恋

拥有安全依恋的孩子像加满油的汽车

中获得的温暖、信任和安全感，就是这张纸的底色，决定了他们的心理发展基调。

拥有"安全依恋"的孩子，就像是加满了油的汽车，会表现出更强的好奇心和探索欲，认知和语言能力也会发展得更好。更重要的是，他们会表现出更强的社交适应性：在特定的情境中表现出更强的解决问题的能力；遇到挫折时有良好的坚韧性和容忍力；在与人交往时表现出较高的积极性、主动性、独立性和合作性。

关于依恋的基本问题

依恋是什么？

记得曾经看过一则笑话：

妈妈在里屋忙碌，出来后看到孩子的手上裹着创可贴。

妈妈：咦，你受伤了吗？

孩子：是啊，我刚才敲钉子不小心砸到了手。

妈妈：那为什么没听见你哭呢？

孩子：哦，我以为你不在家。

这则笑话背后隐含的心理需求大致就是依恋的情感需求。

"依恋"是一个心理学名词，指的是婴儿和他的主要照顾者（通常是母亲）之间形成的一种情感的联结。通俗来说，可以把依恋粗浅地理解为孩子和父母之间的"爱与情感"。

从生理上来说，孩子离不开父母。"依恋之父"、心理学家约翰·鲍尔比（John Bowlby）认为，依恋关系跟孩子最初的生理需求有关——因为妈妈给孩子喂奶，因此孩子天生就依恋妈妈，这是一种刻在基因里的本能，但依恋的意义远远不止于满足生存需求。

从情感的角度来看，当孩子遇到挫折的时候，就会想要靠近照顾者，只要照顾者在身边，就能降低他们内心的痛苦和不安，让他们拥有安全感，感觉到被抚慰。照料者的陪伴，本身就是儿童心理安全的来源。

从建立关系方面来说，儿童实际上是通过和养育者建立依恋关系，逐渐在脑海中形成"自己是什么样的一个人，他人又是什么样的"初步概念。这也是一个人社会关系的起点。

其实在新生儿的眼中，世界并不总是那么美好。他刚刚经历了一场被挤压、被温暖子宫"抛弃"的恶战，突然就被扔到了一个陌生的环境中。这个环境里的刺激又太多、太喧嚣，让他的心里充满了"我能不能活下去"的恐惧。这时他最需要的，就是确认这个陌生的环境是友好的、温柔的。此时父母的照顾行为，就是在婴儿内心的"关系画卷"上，开始挥毫泼墨地创作了。就像我们走过沙滩时，身后会留下一串脚印一样，当一个婴儿感受到、感知到一些事情，就能在脑海里留下一些印记。这些印记或深或浅，或持久或短暂，但凡经过必留下痕迹。父母对孩子是充满慈爱、及时回应的，还是表情冰冷，甚至是忽略其需求的，这些都一点点构建了孩子对关系、对环境的理解。

依恋为什么重要？

美国纽约曾爆出一则新闻，38 岁的阿曼达·斯卡尔皮纳蒂（Amanda Scarpinati）用 20 年的时间寻找照片上一位抱着婴儿的护士，而护士怀里的那个小婴儿就是 3 个月大被烧伤的斯卡尔皮纳蒂。最终，她通过 Facebook 在将近 8000 人的帮助下找到了这位护士苏珊·伯格（Susan Berger）。

记者采访斯卡尔皮纳蒂，问她为什么要用 20 年的时间来

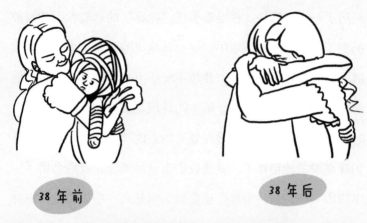

38 年前　　　38 年后

斯卡尔皮纳蒂与苏珊相遇

寻找这位护士，斯卡尔皮纳蒂说："在婴儿时期，我经历了非常严重的烧伤，当时这位护士总是过来抱着我，轻声地安慰我，就像这张照片中一样。我因为烧伤被毁容，长大以后被人欺负，受尽折磨，但只要我看着这张照片跟她说说话，就好像回到了当年那个温暖的怀抱，心理就会得到抚慰。"

我们两位作者和很多心理学家一样，都觉得依恋的重要性再怎么强调都不过分！为什么呢？大概有这样两个原因：

第一，从进化的观点来看，依恋可以让婴儿更安全地活下来。

在大部分情况下，人类会优先考虑自己的需求，但是在照顾刚出生的婴儿这件事情上，绝大部分父母（特别是妈妈）优先考虑的都是孩子的需求——如何让孩子吃饱穿暖，保护他远离危险，这其实是人类演化过程中的基因选择偏好。依恋行为可以让人类幼崽存活的概率更大，这同时意味着，人类自身基因得以延续的概率也更大。

第二，从发展的观点来看，依恋为儿童未来所有的关系打下了一个通则式的原始模板。

从婴儿发展方面来说，依恋让婴儿知道他们可以去依赖谁，哪些环境可以给他们带来安全感。如果一个照顾者能够敏锐地发觉婴儿的需求，无论是生理上的，还是心理上的，这个婴儿就会得到比较好的照顾，也比较容易建立安全的依恋关系。这个婴儿会感到世界是安全的，他是被爱的，很多事物是可以被列入"可信任清单"的。这对于他未来人格的发展有非常重要的意义。

为什么说依恋还可以帮助孩子为未来的所有关系打造一个通则式的模板呢？这其实是因为，孩子在和妈妈（或主要养育者）的这第一段关系中学会了一定的期待或者预期，当他们长大以后，他们对未来的关系也会有相似的期待或预期。就像前文故事里面的小星，妈妈小时候并没有及时满足他的需求，也没有给他足够的亲密感。小星的体会就是："我的妈妈从来不会因为我有压力而支持我，她对我非常冷漠，她期待我自己解决问题而不是去烦她。"长大以后，他在人际关系中的期待自然就是——身边的人其实都不太喜欢自己，只有自己非常努力地表现，为别人做事情，他们才可能对自己多一些关注和喜爱。一旦自己不够努力，这样的喜爱也会随之而去。同时，在遇到困难的时候，像小星这些早期安全感被破坏的人，也很有可能不会向别人求助。这也就是为什么一个人的第一段依恋关系，深刻影响着他之后跟其他人的关系。

有句话说，"人一生中，最初三年的重要性甚至超过了以后若干年的总和"。虽然，这种说法有一些夸张和绝对化，但大量实证研究显示，如果孩子在年幼时期无法与父母建立真正安全的依恋关系，他们成年以后出现各种心理健康问题的概率更大。

从这个意义上来说，安全依恋是我们心理健康的源头。

依恋是本能，为什么还要学？

读到这里，可能大家会提出一个问题：孩子对父母的依恋不是因为本能自然而然形成的吗？为什么父母还要学习

关于依恋的知识呢？问题就出在，依恋关系的起点是孩子与
父母的关系，而不是父母和孩子的关系。与父母形成安全依
恋的孩子，会向父母寻求安全感和帮助，而父母一般不会向
孩子寻求安全感和帮助。父母自己的安全感来源，通常是配
偶、朋友或者他们自己的父母。

这也就意味着——**孩子强烈依恋父母，但父母刚开始并
不那么依恋孩子**。虽然父母在孩子出生以后，会本能地努力
保护婴儿，尽量不让小生命挨饿受冻，或者被伤害，但这并
不意味着升级做父母后，他们天然就会准确感知、理解到婴
儿的需求，因为满足婴儿的依恋需求并不是父母的刚需。所
以，父母需要学会如何满足孩子生理和心理两方面的需求。

不知道大家有没有观察到这样一种现象：即便妈妈非常
严苛地责备，甚至是体罚了孩子，小孩伤心时的第一反应还
是伸出双手，要妈妈抱。我们有时会在新闻报道中看到有些
父母不喜欢孩子，甚至会残忍地虐待自己的孩子，但这些孩
子受了伤却依然无条件地爱着他们残暴的父母，这就意味着
依恋是孩子的一种本能需要！这也提示我们，如果没有人不
断地向父母强调依恋关系的重要性，父母就可能在无意识的
情况下伤害孩子，毕竟孩子对建立依恋的需求更强烈，这也
更加体现了父母学习依恋知识的必要性。

妈妈发脾气了，孩子还是想要妈妈抱

◎ 依恋关系中的双方会相互影响

我们在前文中说过，依恋是牵绊孩子和父母的一种关系，亲子之间在这种关系中相互影响。比如，婴儿的气质会引发妈妈的某些反应，妈妈的反应又进一步影响着婴儿。这样，婴儿大脑的发展就会在不同的依恋关系中走向不一样的道路。例如，非常焦虑的妈妈碰上敏感、易怒的孩子，妈妈很可能会经常和孩子发生冲突；希望和宝宝亲密接触的妈妈遇上性格孤僻的孩子，妈妈自己可能会觉得被拒绝，产生沮丧的情绪。如果妈妈遇上了一个性格温和、爱笑的宝宝，妈妈在某种程度上也会被疗愈，变得不那么焦虑。

我们其实一直不赞同一句话，即"父母是原件，孩子是复印件"。这种"儿童是复印件"的说法相当于把儿童的社会化看作是从父母到孩子单向塑造的过程，就好像父母可以像捏泥人的师傅一样，把孩子捏成自己的样子。但实际上，几乎所有的父母都无法做到这一点，而越是想要这么做，未来就越可能与孩子在生活中产生更多的冲突。因为，任何的关系都是双向的：父母会影响孩子的发展，不同气质类型的孩子也会影响父母的养育行为。这也解释了，为什么同样的家庭能养育出不同的孩子，他们和父母的依恋关系也会有所差别。

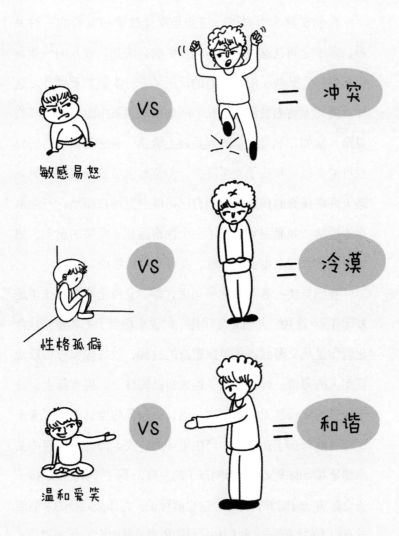

敏感易怒　vs　＝　冲突

性格孤僻　vs　＝　冷漠

温和爱笑　vs　＝　和谐

依恋关系中的相互影响

依恋是如何形成的？

用最精简的话来概括，**依恋的建立有赖于父母与孩子日复一日良好的互动。**

心理学界曾有一个好玩的发现：研究人员给猩猩的脑袋贴上了电极，研究猩猩的脑电波活动。他们偶然间发现，当研究人员吃香蕉时，猩猩也出现了自己吃香蕉时的脑电波。这说明猩猩仅仅是看到别人吃香蕉，也可以表现出自己吃香蕉时的感受。他们根据进一步研究发现，人类大脑里也有类似的神经细胞，它让我们拥有理解能力、共情能力和语言能力，让孩子特别喜欢模仿别人的表情和行为。于是，研究人员给这种神经细胞取了一个好听又很形象的名字，叫作"镜像神经元"。因此，如果想要婴儿的大脑得到全面的发展，成年人需要与他们进行大量的"双向互动"，说得再直白一些，就是进行"接发球"式的互动。

怎么理解"接发球"呢？小婴儿尿布被弄脏了，他觉得非常不舒服，瘪瘪嘴哭了出来，这就好比在网球比赛中发出了一个球。这时妈妈一边温柔地说着"哦，我的宝贝哭了，是不是拉粑粑了"，一边为宝贝检查和更换尿不湿，就相当

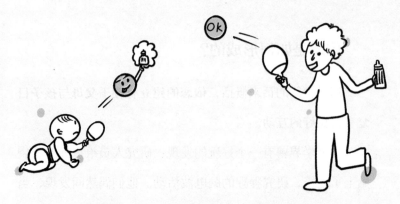

母婴之间"接发球"式的互动

于注意到了发球,并将球打了回去。

就这样,在日常生活里通过大量的重复的互动,孩子逐渐形成了对自我价值的评判。在孩子 0~2 岁期间,如果妈妈能够主动、积极、温暖地回应孩子的身心需求,没有误解、忽视和拒绝,孩子大脑当中的"镜像神经元"显示的都是妈妈有爱、温柔的画面,这样的信息会被一次又一次强化,并且储存在孩子的记忆当中。这时候,孩子就比较容易建立起安全的依恋关系,因为他接收到的信号都是安全的。

但如果妈妈冷漠、敷衍或者特别焦虑,会给孩子带来大量的"危险信号",让孩子也感到恐惧、焦虑或者冷淡,这就更容易建立起不安全型的依恋关系。

依恋只是妈妈和孩子的事吗？

在很长一段时间里，依恋被当成了妈妈和孩子的专属关系。但后来心理学家发现这样的看法可能存在问题。

一个婴儿，在他两三个月大时，任何人去照顾他，他都是可以接受的，他对谁都会笑，可等到七八个月的时候就不会了。这个时期的婴儿只会对熟悉、喜欢的人微笑，而对陌生人的接近，一般会表现出焦虑和抗拒。著名的精神分析学家勒内·A. 施皮茨（René·A.Spitz）称之为"八月焦虑"。请记住施皮茨这个名字，在第二章我们还会反复看到他的名字以及他那令人心碎的发现。

"八月焦虑"说明此刻的婴儿开始有了偏好。也就是到了这个阶段，婴儿开始琢磨，"当我遇到危险时，我应该去找一个固定的照顾者，他会让我感到安全"。而这个最容易找到的人，当然是母亲。在绝大多数情况下，婴儿的依恋对象是母亲。但我们不能想当然地认为，依恋是母亲和孩子的专属关系。

在后来更多的理论研究和实际的工作经验中，我们发现过分强调母亲的重要性会引发另一个大问题——那就是会引发她们的焦虑。经常有妈妈问我，产假结束了自己应不应该回去上班？因为工作的缘故每天必须要离开孩子一段时间，会不会破坏孩子的安全感？甚至有些爸爸将此当成"丧偶式育儿"的借口，反正孩子更需要的是妈妈。

我们想说的是，孩子依恋的对象不是只有妈妈，当然妈妈更有天然的优势（哺乳）。更准确的说法是孩子需要一个或几个稳定的照顾者，比如爸爸、爷爷、奶奶、外公、外婆、阿姨等。在这些稳定的照顾者中，孩子也会有自己特定的偏好，当孩子处于一些让他们感觉有压力或者害怕的情境中时，他们会非常需要那个主要偏好的依恋对象。

当妈妈因为某些特殊情况，不能成为孩子最依恋的那个人时，其他的亲人，如爸爸、爷爷、奶奶依然可以成为最好的候补队员，依然可以帮孩子建立一种相对安全、稳定的依恋关系。这也许就是那些发生变故的不幸家庭，能够听到的最好的消息吧。我（托德老师）有个同学从小就是由姑姑带大的，他和姑姑之间的依恋关系是安全的，对爸爸妈妈反而相对比较冷淡，但这依然不影响他成为一个有基本安全感的人。

不过要说明的一点是，这里所说的感觉，并不是指照顾者做了什么，做了多少。更多强调的是孩子感觉和体验到了什么。每个孩子都有自己的需求，有些孩子需要非常多的拥抱，但有些孩子并不需要。有时候父母甚至会因此感到挫败，因为他们试图去安抚孩子却感觉不被需要。但如果我们尊重孩子自己的情感需求，就能够更坦然地接纳孩子的表现。

正因为依恋关系并不只是孩子和妈妈两个人专属的事情，所以我们在书中理论部分很多地方会交替使用"照顾者""父母""家长"等表述，但在大部分案例中，为了方便表达，仍使用"妈妈"来举例。

依恋影响孩子的每一个生命阶段

"俄罗斯套娃"般的一生

大家一定见过那种俄罗斯套娃，大的套小的，小的套更小的，最少的有三层，还有五层、七层甚至更多层的。如果我们把俄罗斯套娃拆开来研究，会发现它们的外形是一致的，只有娃娃裙子上的纹饰随着可供描绘的空间越来越大（套娃个头由小到大）而变得越来越丰富、越来越精美。

这其实跟一个人从儿童期到成人期的发展历程是基本相似的。

3 岁
7 岁
15 岁
21 岁

"俄罗斯套娃" 般的一生

　　儿童期的发展着重于心理结构的形成，而成年期的发展重心是在已形成的心理结构基础上继续发展与应用。我们前面提到过，依恋的一个重要作用是为儿童日后如何跟别人建立关系打样，这个样一定要打好，是因为儿童期的一些关键发展将以不同形式继续成为成年生活的主要发展课题。例如，孩子上学后如何跟同学、老师交往，以及长大后如何跟同事、老板互动，都是基于生命最初如何跟依恋对象互动的经验模板，是在第一个"套娃"基础上的沿袭和成长。

◎ 为什么建立安全依恋越早越好？

还以俄罗斯套娃做比喻，因为后面的套娃是以小一号的套娃作为模板，是在建立好的模板上不断丰富，这比没有建好模板仍需要不断修修补补容易很多。婴幼儿在0~2岁期间，大脑的神经元发育会在数量上达到峰值，而后来的日子（特别是在青春期），大脑的工作就会进入到对多余神经连接的修剪阶段，就像种子发芽或果树挂果，一开始富裕一些，有供挑选和舍弃的空间，这比一开始就匮乏要好得多。因此，在大脑发育初期建立好"安全底色"，可以说达到了事半功倍的效果。

当然，人的发展是一个进行中的、动态的过程。成年期的发展不但受到儿童期那个最小的套娃的影响，也会受到生命前一阶段其他套娃的影响。例如一个女孩子先后交往了两个男朋友。她在和第一个男朋友交往的时候，自然会用跟爸爸相处时得到的经验来互动。但这个男朋友的个性碰巧和她爸爸不一样。当她没办法把跟爸爸相处的经验用在这段关系中时，她可能就学会了一些新的人际互动的技能。当她再交往第二个男朋友的时候，就会把从爸爸身上学到的和从前男友身上学到的交往技能，试着用在第二个男朋友身上，如果管用，就继续用；如果不管用，作为一个具有学习能力和可塑性的成年人，她就会发展出其他的人际互动方式以跟第二个或者日后其他的男朋友互动。

下面我们就具体说明下依恋如何影响生命的每个阶段。

阶段1：依恋为婴儿期"最小的套娃"绘制了底色

美国著名心理学家埃里克森提出了人格发展八阶段理论，他将正常人的一生，从婴儿期到成人晚期，分为八个发展阶段。在他的理论里，人生仿佛是一个不断打怪升级的过程。在每个阶段，个人都将面临并克服新的挑战。每个阶段都建立在成功完成前一阶段任务的基础之上。如果未能成功完成本阶段的挑战，则会为将来埋下隐患。

作为人，我们第一次需要对决的小怪兽就是"我能不能信任这个世界"，也就是儿童心理发展的第一个任务：找到至少一个值得信任的人，并且在这个人面前确认自己是值得被爱的孩子。这种心理状态可以让儿童充满"安全"的能量。只有具备了这种能量的孩子，才能在未来可以忍受与抚养者的分离。形成安全依恋的孩子，就是这种能量满满的孩子。他们更愿意独自探索，和爸妈分床、分房更容易，也可以一个人沉浸式地玩耍。

拥有一个值得信任的抚养者还有一个好处——孩子更能够掌握好人与人之间的边界感。当幼儿意识到"我可以离开妈妈自由探索，当我需要妈妈时，妈妈又总在我身边"，一段时间之后，他们就会明白自己和妈妈是相互独立又密切相关的人——**"我需要妈妈，但我没必要讨好妈妈，也不必代替她完成她的人生梦想"**。

总之，一旦体验过理想的爱，孩子就会信任爱的可能性，并把它带入未来新的人际关系中。如果依恋关系建立得不好，照顾者一会儿好，一会儿不好，或者对婴儿有抗拒行为，婴儿就会觉得这个世界是危险的，是无法信任的。这种印象带来的影响就像此刻蝴蝶扇动了翅膀，会在人生其他阶段掀起怎样的飓风，没有人能够预料。

阶段 2：依恋在童年时期持续影响着孩子的认知能力与社会能力

安全依恋对下一阶段的"套娃"还有着更多的影响（横跨婴儿期、幼儿期以及童年早期）。

还记得我们在前面提到的"接发球式的互动"吗？它能促进婴儿大脑更好地发育，也能帮助他们更早、更有效地发展语言能力。另外，拥有安全依恋关系的幼儿会更多地把时间花在探索环境上，而不是担忧妈妈是不是在场这件事上，正是热切专注的探索行为和孩子的社交沟通结合，促成了儿童认知的发展。

此外，"社交关系"这个纹饰可能是不断变大的套娃身上最引人注目的部分了，建立了安全依恋的幼儿更能够顺利地与同龄伙伴一起玩耍。有研究表明，他们能在学龄前阶段获得更好的交际技能，并可能在小学低年级阶段成为更复杂游戏中的谈判高手。在童年中期，建立了安全依恋的儿童更能够共情他人，更能进行复杂的协商，不好斗但也不畏缩。可以说，他们普遍比同龄人拥有更好的交际能力。

在学习活动中，始终处于安全依恋的儿童因有更强烈的学习热情，更容易得到老师的积极响应，并且他们拥有避免不良行为的能力以及更好的学习成绩，更容易在同龄小伙伴中脱颖而出。

阶段 3：青春期虽然狂乱，但依恋仍为孩子导航

我们前面已经提到，小时候建立了安全依恋的孩子并不能一劳永逸。在成长过程中，孩子在遭遇恶劣的环境和巨大的压力时仍有可能出现心理危机。当然，早期不良的依恋关系也可能通过后期有爱的环境得到修复。

青春期就是人生中一个危机四伏、充满压力的时期。研究表明，早年建立安全依恋的青少年更容易在面对人际关系及生活的挑战时取得成功。这也是为什么说那些在青春期孩子出问题的家庭，其实在孩子童年就已经种下了危机的种子。

阶段 4：童年可能治愈一生，也可能拖累一生

心理学家阿德勒曾说，幸运的人一生都被童年治愈，不幸的人一生都在治愈童年。

相对于依恋理论在儿童青少年领域的研究，直到 1987年，人格和社会心理学家进场，才使得依恋的研究拓展到了成人阶段。尽管成人依恋类型和儿童的略有不同，但毫无疑

问，"套娃"的影响是终身的。人们形成的对自身早年依恋关系的心理模式在成年后仍在继续产生影响。

当然，有一点我们要记住：即便在童年时期建立的依恋关系不够好，也并不意味着它无法修复。正如早期没有建立安全依恋的儿童，之后生活在一个有利的环境中，早期不安全依恋的消极影响也会得到逐步逆转。同样的，即便是早期建立安全依恋的儿童，如果之后生活在不利的环境中，他们的社会关系也可能向不健康的方向发展。

这表明了**依恋与儿童心理发展的巨大可塑性，依恋关系是可以被改变的**！

总而言之，尽管我们那"俄罗斯套娃"般的一生，终身受限于发展的前一个阶段，但在任何一个阶段，只要我们想改变，都是有可能的。

第 2 章
依恋关系理论的诞生

发现"依恋"的两个动物故事

虽然"依恋"这种迷人的特性一直存在于人类的养育过程中，但它作为一种科学现象被发现还不到 100 年的时间。也许你会好奇，那些心理学家是怎么发现这样一种心理现象的呢？这其实真的还要感谢那些动物朋友们，它们真的居功至伟！

下面为大家分享两个发生在动物身上的依恋小故事。

洛伦茨："科学大叔"变成了"小雁妈妈"

最早，有一位叫康拉德·洛伦茨（Konrad Lorenz）的"科学大叔"，他一直被一个问题所困扰——动物的幼崽出生前没有见过自己的妈妈，它们凭什么能认出妈妈，并且和妈妈建立起强烈的亲密关系呢？

于是，这位"科学大叔"把灰雁妈妈生的蛋分成两份，一份留给雁妈妈孵化，另一份则通过人工孵化。然后，他让一半的新生灰雁首先看到雁妈妈，而另一半的小灰雁孵化出来时看到的是洛伦茨自己。接着，神奇的事情发生了，洛伦茨把所有的新生灰雁放在一起，结果一半跟着母灰雁走，另一半则跟着洛伦茨走。当时，这样的实验结果一经公布，震惊了整个科学界。因为，洛伦茨证明了新出生的灰雁脑内已经预先设下一个"赌注"——跟着第一个活动的物体走就对了。所以，新生灰雁会把见到的第一个移动的物体当成雁妈妈，只要跟上去就好了，哪怕实际上它们跟随的是一位奥地利鸟类学家。

后来，科学家继续研究发现，这种"跟随反应"的形成是不可逆的，同时又是有关门时间的，如果过了一定

洛伦茨的印刻实验

的时间就不会再发生了。于是，他们把这种预设功能叫作"印刻效应"（Impressing Effect），很多动物都有这种天性。后来大导演斯皮尔伯格在拍摄《侏罗纪公园》系列电影的时候，都把恐龙幼崽赋予了"印刻"的特点，让小时候见过主角的小霸王龙，长大后成了主角的救星。也因为这个发现，康拉德·洛伦茨获得了科学界的至高荣誉——诺贝尔生物学或医学奖。

此后，心理学家约翰·鲍尔比看到了这个研究以后如获至宝，他发现自己正在研究的人类婴儿最初的依恋行为就类似于小动物的"印刻"行为。婴儿微笑、哭泣、抓握都是与生俱来的社会信号，通过这些信号促使照顾者接近、照顾他们并与他们互动，就像小雁的印刻行为是为了维持与母雁接近一样。如果人类母亲能够抓住这个关键时期，依照孩子的需要来养育孩子，亲子之间就最容易形成安全而亲密的关系。一个最简单的例子，当婴儿肚子饿了，就有食物送到嘴巴里来，满足他对食物的需要；当他吃饱了，食物就被拿走，照顾者不再强迫他继续吃东西。这就会让婴儿形成最初的安全感。

随着孩子逐步长大，他开始需要强化亲子间亲密的情感纽带所需要的保护与支持。这将是儿童后期社会能力发展的重要基础。孩子通过他人（特别是作为主要照顾者的妈妈、爸爸）对自己的反应来获得自我价值感和自尊感，也借由此形成与他人的沟通和社会互动模式。

哈洛：毁誉参半的恒河猴实验

再讲另外一个与依恋相关的动物故事。

50多年前，一位名叫哈利·哈洛（Harry Harlow）的美国心理学家用恒河猴做了一项实验，第一次用科学实验去研究母爱的关键行为是什么。这项实验的影响如此深远，以至于成为近现代提到儿童心理学、发展心理学绕不过去的存在——恒河猴母爱剥夺实验。

哈洛和他的同事们把一些刚出生的恒河猴生生地从它们的母亲身边带走，放进一个单独的笼子中隔离养育。

哈洛给猴宝宝们找了两个"代理妈妈"来替代母猴。

这两个"代理妈妈"分别是用铁丝和绒布做的，哈洛在"铁丝母猴"胸前特别安置了一个可以提供奶水的橡皮奶头。按哈洛的说法，它们"一个是柔软、温暖的母亲，一个是有着无限耐心、可以24小时提供奶水的母亲"。

我们在前文中提到过，在20世纪50年代，心理学家都

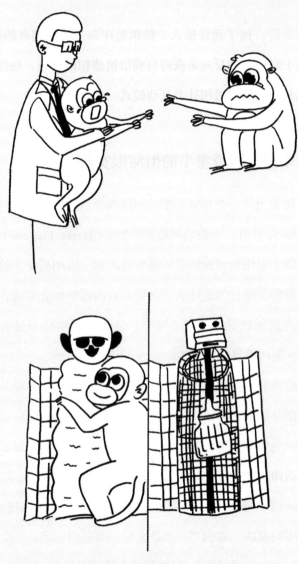

刚出生的小猴子被迫与母亲分开，
与两个"代理妈妈"一起生活

有一个比较一致的看法：孩子依恋妈妈，主要是因为妈妈可以提供食物，让孩子活下来。按照这种观点，小猴子们应该紧密地团结在"奶瓶妈妈"的身边才对。

结果令大部分人感到震惊，小猴子除了吃奶的时候不得不短暂地趴在"奶瓶妈妈"那里，其他大部分时间都一直依偎在"毛绒妈妈"的怀里。哈洛从这个现象里面发现了一个完全颠覆过去观点的结果——小猴子最在乎的并不是妈妈能够提供食物，而是能够提供亲密的拥抱。对人类婴儿来说，母爱的本质并不只是提供食物，而是能够做出拥抱、亲吻、陪伴与玩耍等这些亲密的行为。

哈洛后期又做了一系列实验，比如突然在笼子中放入一些奇奇怪怪的东西——巨大的蜘蛛，或者让一个发条熊发出"咚咚咚"的敲鼓声。只要那个毛茸茸的妈妈在场，小猴子可以及时回到她的身边寻求安慰，就很容易被安抚。

另外，如果把小猴子放到一个陌生的环境中——其实只是另一个装着不同东西的笼子，只要那只毛茸茸的妈妈在场，小猴子就可以自由地探索，去摆弄新的玩具。而如果只有奶瓶妈妈在，当那个发条熊敲起鼓来，小猴子就算再害怕也不会去拥抱有奶瓶的铁丝妈妈，而是隔着门缝眼巴巴地望着另一端的毛绒妈妈。这也让哈洛发现，毛绒妈妈就像是小猴子的"安全基地"，只有她在，小猴才能感受到一定的安全。

　　如果哈洛止步于此，或许他在心理学史上还不会招致那么大的争议。更为残忍的是，为了进一步研究的需要，哈洛与同事们又进行了一个"加强版"的实验，人们称之为"恶母生成实验"。

　　恶母生成实验，就是做了一个更邪恶的代理妈妈。这个代理妈妈的身体里面会发出强风吹向小猴子，有时候还会发

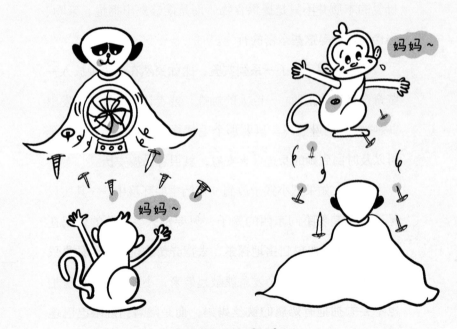

恶母生成实验

射出铁钉子射向小猴子，小猴子被钉得哇哇怪叫。

令人心碎的一幕出现了，小猴子并没有离开这个代理妈妈，他还是紧紧地抱着她。心理学家给这种现象取了一个名字，叫作"**亲附选择**"。

为什么会这样呢？哈洛给出的理由是——聊胜于无。小猴子认为即便有一个恶毒的妈妈，也比没有强。多么让人唏嘘！

令人遗憾的是，这项大名鼎鼎的实验真的毁掉了好几代猴子的幸福生活。这些被代理妈妈养大的小猴子长大后行为孤僻怪异，都出现了自闭、反常或者极具攻击性的问题行为，无法和谐地和别的猴子相处。到了性成熟的年龄，它们都无法找到配偶交配，成了猴子中的"性障碍患者"。为了研究这些猴子生下后代之后会出现什么情况，哈洛和其他研究者又设计了"强暴架"，让这些母猴强行产下后代。最后有 20 只母猴产下了后代，其中 7 只对自己的孩子表现冷漠，对小猴不理不睬；8 只极其残暴地殴打、虐待自己的孩子；4 只更是残忍地杀死幼猴，其中 1 只幼猴直接被咬碎头骨而亡；只有 1 只母猴笨拙地尝试给自己的孩子喂奶。可以说，这些小时候得不到母爱的猴子，不仅没有能力爱它们的下一代，还会不同程度地伤害它们的后代，就这样让悲剧继续了

小猴子长大了很抑郁、恐惧，
甚至还有自残行为

作为妈妈的母猴，伤害甚至虐待后代

下去。

哈洛就这样毁掉了几代猴子，用实验证明了爱的重要性。那些从小缺乏母爱的人，成年后极易出现心理障碍，且没有能力抚养后代。

1958 年，鲍尔比第一次公开了他的行为学观点，但是当时缺少实验证据的支持。恰好同年哈洛发表的这项研究为鲍尔比的理论提供了有力的实验性证据。另一位行为学家罗伯特·欣德（Robert Hinde），同哈洛一样，不仅在理论上影响着鲍尔比的主张，在研究上也为他提供了实验支撑。1959 年，在鲍尔比的建议下，欣德组建恒河猴基地开展针对恒河猴的母子分离观察研究。在研究中，欣德发现幼猴对短期分离的反应可以被描述为"抗议"和"绝望"，这种现象和后来发生在人类婴儿身上的情况非常相似。可以说欣德的研究结果在一定程度上推动了科学家把动物实验的结果应用在人类婴儿的研究当中。

听完了动物身上发生的故事，大家心中的情绪是不是久久不能平静呢？接下来，我们再讲几个在人类孩子身上发生的悲喜故事。

在人类身上，残酷的实验也曾上演

施皮茨：揭示令人心碎的"医院病"

1974 年，纽约医学会的一帮医生和精神分析专家观看了一场非同寻常的电影。这部残酷的黑白电影是奥地利著名的精神分析学家勒内·A. 施皮茨（Renè·A.Spitz）的作品，名字叫《悲伤：婴儿期的致命危险》（*Grief: A Peril In Infancy*），内容是他对托儿所、孤儿院和收容所里婴儿的观察。正是这部影片，让我们能更好地理解，对于婴儿来说，与养育者的分离和丧失亲密意味着什么。

影片最开始出现的是一个黑人婴儿，名叫简，她被迫与妈妈分离后，要在收容所里待三个月。她是个快乐、热情的宝宝，观察她的大人逗她玩时，她会发出"咯咯"的笑声。然后，影片呈现了她一周后的样子。"认出那个孩子就是简的时候，观众们一阵痛心——她情绪低落，目光似乎正在寻找什么，但没有得到回应，最后她绝望地哀号起来。和善的男性观察者（施皮茨本人）安抚不了她。她非常气恼地踢着，哭泣着。字幕告诉我们，这个年纪的孩子很少有如此绝望的表现，很少这样哭泣哀号，而自从她妈妈消失后，三个月里她一直如此。看着这个孩子，我们体验到了至深的悲伤，令人痛心疾首。"

另外一部电影《依恋的形成》的主人公和简一样，影片里的婴儿都是因为各式各样的原因，在出生后半年左右不得不与妈妈分离。在托儿所或是孤儿院里，他们吃喝拉撒的需求得到了充分的满足，但除此之外，他们得不到持续的亲密接触，也没有人陪他们互动、玩耍。他们就像离开妈妈的小恒河猴，可以吃饱穿暖，但没有一个爱他们、满足他们情感需求的人。

施皮茨还发现，如果没有被提供充分的亲密养育和互动，这些在婴儿期就与妈妈分离的孩子还会呈现出发育停滞的现象。在这些案例中，婴儿不再继续进行生理和心理的成长。那些之前与妈妈有着良好关系的，已经 6~8 个月大的婴儿，如果与妈妈分离三个月，婴儿眼睛的协同能力就会衰退，进而发展出一些看上去类似成人抑郁症一样的症状，这种症状被施皮茨称之为**情感依附性抑郁**（anaclitic depression），也就是因为依恋关系被破坏导致的抑郁。

那些妈妈不再回来并且没有可替代妈妈的婴儿，五个月之后可能会呈现出被施皮茨命名为医院病（hospitalism）

出现情感依附性抑郁的婴儿

的症状。换句话说，这些婴幼儿的健康状况非常糟糕，住院常常会导致死亡。

更可怕的是，这些婴幼儿已经发育出的功能甚至还可能退化，比如那些明明已经会走路会说话的孩子开始不想活动，终日安静地躺在婴儿床里，以至于把小床垫压下去一个凹槽，最终变得动作迟缓、被动以及发育停滞。在满两周岁前，甚至会有 1/3 的孩子死亡。而那些幸存的孩子长到四岁时，几乎都还不能坐、站、走路和说话。

如果他们的母亲能够在最初的三个月内回来，这种退化会自行反转。画面中再次出现第一个孩子简。现在，妈妈已经回来了，简与一个女性观察者玩耍着，拍着手笑着，允许她抱，阳光又回到了她的生活中。尽管如此，施皮茨坚持认为，孩子不可能完全康复，就像被钉过钉子的树干，即使拔出了钉子，仍会留下一个不可修复的洞，而这个洞，就是曾被剥夺母爱的孩子们心里无法修复的创伤。

这些令人心碎的孩子，施皮茨称之为"成长失败"的婴幼儿。而失败的原因，正是因为其被剥夺了母亲，这使得这些婴幼儿在自我发展的关键时期，缺乏与有爱心的照顾者接触，感受不到爱与回应，他们成长的地方只有"现实的砖墙"。

安斯沃斯：研究乌干达婴儿，展现依恋形成过程

美国心理学家玛丽·安斯沃斯（Mary Ainsworth）在1954年获得了一个偶然的机会，去乌干达的坎帕拉工作，在那里她进行了一项长达9个多月的婴儿研究，揭示了更多关于依恋的秘密。

当时，她选定了当地23个家庭的28个孩子为研究对象，派出观察人员4次登门拜访婴儿所在的家庭，每次观察好几个小时并进行大量的访谈。她对母婴互动做了非常细致入微的观察：包括母乳喂养、抱孩子的方式、大小便训练、临睡准备、孩子哭了之后的反应等。在孩子一周岁生日后的第一个星期还对他们进行了"陌生人情境测验"。我们将在下一章详细介绍这个著名的测试。

安斯沃斯观察到，**母婴间的依恋关系类型其实在婴儿出生第一年跟妈妈的互动中就已经埋下了种子**。有一类乌干达的妈妈，她们的照顾风格被安斯沃斯博士称之为"适宜响应"——其实就是那种天然的安全型养育法。这类妈妈会根据孩子的需要，而不是自己的需要养育孩子。她们能及时

发现和响应婴儿发出的信号，给他们提供身体和情感上的照料。在孩子自娱自乐、爬行探索时，这类妈妈也能给予孩子足够的自主空间。她们也成了安斯沃斯研究的典范妈妈。

但也有相反的例子。"有一对双胞胎，只要妈妈喂其中一个，另一个就大叫。于是妈妈不知道从哪儿弄来一辆大婴儿车，两个孩子一边放一个，然后把车推得远远的，孩子爱怎么哭就怎么哭。直到她觉得喂奶的时间到了，才把车推回

安斯沃斯在乌干达的观察

来给他们喂奶。喂好之后就把车推走，她其实是在拒绝和忽视孩子。"

安斯沃斯把自己在乌干达的研究写成了一本心理学著作《乌干达的婴儿期》，第一次展现了人类依恋的形成过程，阐述了婴儿的行为和发展顺序，还提出了父母最重要的事情，就是成为婴儿的"安全基地"。

鲍尔比：注定要开创"依恋育儿时代"

心理学家约翰·鲍尔比第一次提出了"依恋理论"，"依恋关系"由他来阐明似乎是一种注定的安排。

鲍尔比1907年出生于伦敦中上层家庭，家中兄弟姐妹六人，他排行第四。要知道，在当时的欧洲贵族家庭，母亲是不会像"乡下女人那样自己带孩子的"。他们家的规矩繁琐而严苛，例如某个孩子在满12岁之前，不可以与其他孩子一道用餐；如果某个孩子12岁时还住在家中，可以获准和父母一起吃甜点。鲍尔比的妈妈每天仅有一小时的时间与孩子们接触，他的父亲是一名军医，也很少看望孩子，因此鲍尔比和他父母的关系很疏离。真正照顾他的是一位名叫米妮儿的保姆，鲍尔比非常喜欢这位保姆。但是，他在四岁时经历了与保姆的分离，这对他伤害很大，被他描述为"仿佛失去母亲一般哀伤"。

8岁的时候，因伦敦遭遇空袭，鲍尔比与哥哥托尼被送往寄宿学校。寄宿学校对于鲍尔比而言也是一次糟糕的分离经验，后来他曾公开表示"我甚至不会舍得把这个年龄的狗送去寄宿学校"。

显而易见，鲍尔比早期的生活环境是不稳定、冷淡和疏离的。生命中最温暖的那道光是从他出生陪伴他到四岁的保姆，但保姆的离去也成为他难以忘怀的创伤，再加之寄宿学校痛苦的生活经历，无疑都影响了他后来对早期母婴分离的思考和研究。

还有一件小事可能在后期对鲍尔比产生了深远的影响，那就是鲍尔比的母亲和外祖父非常热爱自然。假期以及家庭出游的时候，他们会教导孩子们辨认花、鸟和蝴蝶，捕鱼、骑马或射击。正是在他们的影响下，鲍尔比和哥哥都成长为了热情的自然主义者。这或许为鲍尔比日后转为接受动物行为学的观点来解释依恋奠定了基础。

1925年，鲍尔比进入剑桥大学学习与医学相关的自然科学，获得自然科学和心理学学位。之后他进入了两所收容心理失调儿童的学校做义工，在那里他第一次观察到许多问题儿童的行为，这让他开始意识到早期生活环境可能对幼儿的发展产生重要影响。

鲍尔比越来越觉得孩子的不良行为，如偷窃和撒谎等，在很大程度上归因于他们在生命早期没有处于一个充满安全感和爱的家庭中。这和传统的心理学权威观点是背道而驰的，那些精神分析界的主流专家们认为儿童的情感问题几乎完全是由于攻击性和性欲之间的内在冲突产生的幻想（源自弗洛伊德精神分析法），而不是由外部世界的事件而导致的。而这样的观点，对儿童的养育基本上没有任何实质性的帮助。

1951年，鲍尔比接触到了与动物行为学相关的研究，特别是洛伦兹的印刻实验和哈洛的恒河猴实验，这让他更加坚定了自己的想法——婴幼儿早期受到温柔、有爱的照料无比重要！鲍尔比从此更多地把关注点放在了人类儿童的依恋研究上。这时恰好有一段特殊的经历，让鲍尔比有机会观察了一次发生在人类婴儿身上的"母爱剥夺实验"。

让我们把时间拨回1940-1945年，当时正值二战，鲍尔比被征召入伍，成为英国皇家陆军医疗队的一名精神科医生。

二战期间，英国城市每天都在遭受轰炸，英国政府为了集中保护儿童，减少战争对儿童的伤害，决定把孩子们从会被轰炸的城市地区疏散到乡村，由当地人统一照看。英国作家 C.S. 刘易斯的《纳尼亚传奇》中的四个兄弟姐妹去往乡下的老教授家生活，以此躲避战争，就是以这个背景为依托而创作的。这项计划的初衷是美好的，它由政府倡导，还有很多与儿童福利、健康等相关的专业人士参与。父母们几乎没有太多犹豫，连夜同意与自己的孩子分别，目的是"为了孩子们的生命安全"。

专业人员提供了一切可用的资源和相应的服务，以确保在托儿所里的孩子们生活条件还是不错的。在那里孩子们衣食无忧，每天还有不同的玩具、零食供给。但事与愿违，这些孩子并没有人们设想的那么开心，他们变得退缩，也没有兴趣玩游戏。虽然他们常常蜷缩在一起，但彼此之间没有展现出任何真正的互动性交流。他们试图逃离周围的环境，并在发现无法逃离之后陷入绝望。

于是，托儿所的负责人请来了鲍尔比和安娜·弗洛伊德（Anna Freud），安娜也就是著名心理学家西格蒙特·弗洛伊德的女儿。他们发现，由于与父母突然的分离，孩子们产生了强烈的不安全感，而进入新环境后，这些孩子又没有与其他人建立新的稳定的情感联结，从而导致这些孩子情绪失

二战时英国的儿童保育计划

控。如果这种分离继续，这些孩子从此对他人都会很漠然，即便别人亲近他们也没有反应。

所以，鲍尔比和安娜紧急调整养育策略，帮助孩子建立新的依恋关系。他们采取了各种各样的措施，例如让保育员充当"替代母亲"，每个孩子都有权自己选择"替代母亲"，组成家庭。他们也尽可能快地把年幼的孩子送回真正的父母身边等。后来在《母爱关怀和心理健康》（*Maternal Care and Mental Health*）报告中，鲍尔比明确指出，对儿童的心理健康来说，与父母分离，并被陌生人照顾，要比炸弹更为危险。

在这期间，鲍尔比的若干观察，成为他所创立的依恋理论的核心。

依恋理论来之不易

依恋理论的形成，只有一段很短的历史，却经历了一场激烈的学术之争，之后才成为被普通人熟知的"育儿金律"。

现在大家非常重视儿童的早期养育经历，很多人已经把"在孩子生命的头三年给予越充分的母性养育，孩子的发展也就越充分"这一点当作常识，但在七八十年前，整个社会观念并不是这样的。那时候的主流理论普遍认为，婴儿没有心理活动，早期成长经历并不重要，甚至认为婴儿是没有疼痛感的，有很多外科医生给婴儿做手术时，竟然都不打麻药。

现在，请大家跟我们一起乘着时光机穿梭回 20 世纪 50 年代，看看那时离经叛道的"依恋理论"是如何从形单影只到逐渐得道多助，最终创立出一支崭新学派的。

彼时心理学界有两位超重量级的权威人物：一位叫西格蒙特·弗洛伊德，另一位叫约翰·华生。他们一个是精神分析学派的创始人，另一个则是行为主义学派的奠基者。

1895 年弗洛伊德创立了精神分析学派，经过三四十年的发展，子弟众多。就连鲍尔比本人起初也是一名精神分析学家。

根据精神分析学派的观点，婴儿之所以依恋妈妈，并不是依恋妈妈本身，而是因为妈妈有母乳，孩子是被享乐原则所驱使。通俗地说，谁给婴儿吃的，谁令婴儿快乐，婴儿就依恋谁。但鲍尔比在工作中观察到的是，婴儿依恋自己的母亲不仅仅是因为妈妈给自己吃的，即便是一个虐待孩子的妈妈，孩子依然能够跟她建立起依恋关系。

另外，鲍尔比认为，父母的抚养方式会影响孩子的性格，精神分析师不应当只关注成年病人的内心世界，而忽视童年经历和亲子关系，就好比"作为园丁，必须要研究泥土和气候"。但是他发觉，其他精神分析师认为他的理论没有依据，他们坚持认为，孩子的幻想与现实没有什么联系（也就是孩子的心理状态根本不重要）。

更重要的是，精神分析没有充分解释早期分离可能对孩子造成的影响，但鲍尔比认为这是非常重要的。1944年，鲍尔比把自己在做义工期间观察到的问题儿童的行为整理成书，即《四十四个少年小偷》（*Forty-four Juvenile Thieves*）。在这本书中，他提出"男孩早早与母亲分离，可能会引发风险，并可能在十年后最终导致犯罪行为"。这是一个革命性的想法，但在当时却几乎没有溅起水花。很多人都觉得，在没有任何实证研究的前提下，这种跨越式的假设，从婴儿期的因直接跳跃到青春期的果，实在令人难以置信。

也就是，鲍尔比必须自己先证明：到底是什么让婴儿时期的养育，培养出了青少年时期的小偷，他们的联系有那么强吗？母婴联结的影响真的如此巨大吗？

用精神分析的方法是不可能让他证明这一点的。因此鲍

心理学家鲍尔比孤单的抗争

尔比后期放弃精神分析，转向研究动物行为学的举动，本身就有些"背叛师门"的意味，这也使他招致了巨大的学界压力和舆论声讨。

鲍尔比孤单地努力着，试图回答学界提出的这些问题。直到1948年，联合国社会委员会决议针对战后欧洲备受关注的流浪儿童及其需求进行一项研究，为此找到了鲍尔比，他才发现自己不是一个人在战斗。

"为了这项研究，鲍尔比花了半年多的时间跟欧洲及美国当地的社会工作者和儿童精神病医生展开交流并阅读文献，他发现，很多人和他的主张不谋而合：李维曾经介绍过谎话连篇、异常冷漠的领养儿童；本德发表过关于孩子历经反复收容和收养之后出现心理问题的报告；施皮茨及许多欧洲临床医生都曾警告过，让婴儿住院可能会使他们遭受精神损伤……学者们对彼此的研究毫不知情，但不约而同地发现了这些被剥夺母爱的儿童身上相似的症状：缺乏同理心，缺乏情绪回应，经常无所谓地偷和骗，上课注意力不集中……

罗布特·凯伦（Robert Karen）在《依恋的形成》一书中写道："他们的观察结果如此相似——甚至连用词都一样——简直像是互相抄袭。"

鲍尔比将这些信息整合而成的报告，对后来精神病学、领养程序和世界各地的平凡家庭都产生了深远的影响，他吹响了依恋理论向精神分析界发起挑战的号角，这篇报告就是前面提到的《母爱关怀和心理健康》。

第一场正面对抗是鲍尔比和他的雇员詹姆斯·罗伯逊（James Robertson）拍摄的纪录片《两岁儿童就医》，跟施皮茨选择的方法一样，他们忠实地记录了跟父母分离后单独住院儿童的心理变化过程，迫使人们正视幼儿会遭受巨大痛苦这一事实，但却遭到了整个医学界的攻击。他们认为这部电影不实，选的是不具代表性的孩子和父母，并且进行了选择性地拍摄等。当时英国有一位儿科兼精神科医生在回忆录中写道，他一走进医院，迎面而来的全是愤怒，"我们会给你一大笔研究经费，然后你去证明鲍尔比他们都在发疯"。

然而，鲍尔比面对的批评不仅仅来自精神分析学界和医学界。精神分析学派尽管影响深远，但当时在美国心理学界更加如日中天的是华生的行为主义。资本主义进入新垄断阶段，迫切要求充分利用人的潜能来提高生产效率，最大限度地创造利润。在这种政治舆论下，民众对于参与经济发展的热情很高。而华生的行为主义，恰恰大大稀释了父母在养育上的责任。在行为主义学者看来，一切都是刺激和反应的结果，养育也是如此。孩子用哭闹来引发注意，如果父母的反应是马上抱起他们并安抚他们，那么孩子就知道这招管用，之后就会用更多的哭闹来"控制"父母。"孩子哭了不要马上抱"的哭声免疫法也正来源于此。这种说法有一个非常危险的假设——孩子都像是一个个的"小恶魔"，他们哭闹并不是因为他们真的需要，而把哭闹当作"控制"父母的工具。相信这种假设的父母很可能把孩子正常的求助，看成是他们谋求关注的"诡计"，认为他们想控制父母，于是才会出现——"孩子不能惯着，哭了不能抱"的错误育儿理念。

然而，鲍尔比不这么认为，他主张被拥抱、被关注是孩子的本能需求，并不是一个小婴儿的"计谋"。孩子需要和一个稳定的照顾者形成特定的依恋关系，危险的时候向他（她）求助，从而建立基本的安全感。这是印刻在基因层面的本能，也是一种自动化的反应。如果妈妈能够敏感地、恰当地回应孩子生理和心理上的需求，那么孩子将会形成一种充满弹性的心理状态——通俗来说，就是更加勇敢，更加有好奇心，也更加容易信任陌生人。

但这些仍不足以让公众信服。鲍尔比反对孩子早期与妈妈分离，除遭到质疑外，还被很多激进的女权主义者攻击，她们认为这套理论夸大了孩子对妈妈的需要，目的是要把女性困在家里，不让女性出门工作。还有很多心理学家撰文声称日托对婴儿的成长有益，妈妈们不必有后顾之忧，可以安心地走上工作岗位。

了解了这些时代背景，我们就不难理解依恋理论初创时的举步维艰。所幸的是，此刻的鲍尔比已经不是单兵作战了，还有很多人都在用自己的方式，为依恋理论点燃星星之火。

最初打破坚冰的要归功于美国著名的精神分析师和发展心理学研究者西尔维娅·布洛迪（Sylvia Brody），她做了在她之前或之后很少有人做的工作。她收集了 131 名母亲的样本，后来又增加了父亲的样本，从婴儿 4 个月起开始追踪到 7 岁，进行了一项关于母亲（及父亲）对婴幼儿养育的漫长的纵向研究。要知道，一个科学家的黄金研究生涯并不长，把大量的时间献给了依恋的纵向研究（如果是 7 年的跟踪期，科学家至少要等到 7 年后才能够出成果），肯定是一次冒险。幸运的是，布洛迪的假设被证实了，她让人们意识到母亲养育模式和后期父母的教养方式对婴幼儿未来的发展真的有密切的联系。

同时，哈洛的恒河猴母爱剥夺实验也引起了人们的广泛关注，但科学主流仍然还没有承认依恋理论，直到另一个关键人物的出现，她就是我们在前面提到的在乌干达做研究的玛丽·安斯沃斯。

安斯沃斯通过乌干达婴儿实验和陌生人情境实验，直接改写了发展心理学母婴关系研究的基本模式。她的倡导是：离开实验室，走进家庭，观察他们的生活。自从她提出了这一研究理念后，越来越多的心理学家加入到了母婴关系的研究领域。

星星之火汇聚，终成燎原之势。

随着时间的流逝，安斯沃斯及其团队从最初的只研究母婴关系，开始拓展到研究幼儿、青少年直至成人的依恋关系。特别值得一提的是，安斯沃斯的很多学生都把依恋理论对人各个时期的发展和影响做了详尽的研究，形成了一个庞大的实证研究体系，这也使他们成了各自领域的名师大家。他们不仅继承和发扬了依恋理论，也反过来验证了依恋理论最初的假设——**爱是本能，回应是光**。

由此可见，安斯沃斯被称之为"依恋之母"，实至名归。

至此，依恋理论的高山终于屹立在了发展心理学的平原上，成为近现代提到儿童发展就无法忽视的存在。

第二部分
建立和修复依恋

第 3 章
你的孩子是哪种依恋类型？

3 岁男孩的妈妈阿娟说：

"我的孩子一有机会就死死地黏着我，像牛皮糖一样，离开一会儿都不行。"

27 岁的来访者小梅说：

"只要我男朋友不接我电话，我就心慌得发疯，会一直打到他接为止。我还忍不住每天查男朋友的微信记录。因为这个原因，我已经分手 4 次了。"

拥有安全依恋和不安全依恋的孩子，在一生的成长中会出现哪些不同的现象呢？就像上面两位来访者描述的一样，不管是 3 岁的男孩还是 27 岁的女青年，都因为关系中的不安全感困扰着自己和身边的人。

可以说，依恋关系在孩子的成长过程中，影响最大的就是他们的人际关系，影响最深刻的是他们未来的亲密关系。为什么有的人很容易和新朋友建立信任，而另外一些人却显得高冷和慢热？为什么有的伴侣能够非常甜蜜恩爱地陪伴彼此一生，而有的婚姻却总是充满痛苦、纠结和委屈呢？我们在前面说过，早年的依恋体验为一个人未来所有的关系创立了一个通则式的模板，这其中当然包括他长大后和朋友、爱人相处的模式。**可以说，依恋模式是影响我们友情和爱情的一把钥匙。**想要拿到这把钥匙，我们必须先了解一些相当重要的概念——四种不同的依恋类型。

依恋类型是如何被发现的？

安斯沃斯：陌生人情境实验

我们怎么才能知道一个不会说话的小孩子的依恋关系是不是安全的？每个小孩子在依恋上展现的模式会有哪些不同呢？在我们普通父母思考这个问题之前，心理学家安斯沃斯和同事就研究出了依恋类型的测试方法——陌生人情境实验。

研究人员把 1~2 岁的宝宝放在一个房间里面玩耍，过一会儿后就让他的妈妈离开，让陌生人进来。研究人员就是要观察当这个婴儿的妈妈离开时，他到底有什么样的反应，等妈妈再次回来时，他又会做什么呢？结果他们发现在参加实验的婴儿当中，出现了四种不同的情况。

◎ 安全型依恋

第一类宝宝，当妈妈在场时，会自由地进行探索，与陌生人打交道。当妈妈离开时，他开始哭泣、抗议、不开心，陌生人无法安慰他们。几分钟之后，妈妈回来了，他会非常高兴地去欢迎妈妈，依偎在妈妈的怀抱里，很快，他就平静

属于安全型依恋的儿童

下来，继续玩玩具。这样的表现，心理学家称之为"安全型依恋"。拥有安全型依恋关系的宝宝会把妈妈当成安全基地，一旦在妈妈的怀里待够了，他就会去探索未知的世界。

◎ 回避型依恋

第二类宝宝，当妈妈离开以后，他不哭，表现出无所谓的样子，通常在"专注地"玩玩具，对待陌生人和妈妈的态度没有什么不同。妈妈不在的时候，如果他们有焦虑的表现，陌生人也能够安慰他们，陌生人对他们的安慰效果等同于母亲。当妈妈回来后，他们表现出的行为是不理妈妈，继续玩自己的或者生闷气。这样的表现被称为"回避型依恋"。

属于回避型依恋的儿童

不过需要明确的一点是，根据宝宝在陌生人情境实验中的表现，我们说他与妈妈建立起了回避型依恋关系，并不意味着他和所有人都会建立回避型关系。回避并不像内向或开朗这种个性特征一样存在于孩子或者家长身上，而是存在于关系当中。孩子可能与一个养育者建立了回避型的依恋关系，而和另一个养育着建立起了安全型或矛盾型的依恋关系。

和妈妈形成回避型依恋的宝宝不善于表达自己的情感，明明很需要妈妈，但是从来不表现出来。他们还有个特点，就是非常不喜欢他人的批评，对任何批评，基本上都是抗拒的。

◎ 矛盾型依恋

第三类宝宝在妈妈还没有离开之前就开始焦虑，一副要哭的样子，他们紧紧地靠近母亲，不愿意去探索玩具。当妈妈真的离开以后，他们会边哭边表现出很烦躁的样子。当妈妈回来以后，他们会寻求跟妈妈亲近，但却无法平静下来。他们哭着要妈妈抱，却经常会在感到舒服之前就要求被放下来，但是接着就想要再被抱起来。

属于矛盾型依恋的儿童

这类宝宝的特点是无论妈妈是否在场，他们都充满焦虑，不愿意积极探索。妈妈的离开会让他们更为沮丧，妈妈回来也没有有效地安抚到他们。所以我们称之为"矛盾型依恋"。

以上三种依恋类型是安斯沃斯通过陌生人情境实验获得的发现和分类。回避型和矛盾型统称为焦虑型依恋，所以有些书上也把它们称为焦虑－回避型依恋和焦虑－矛盾

焦虑－回避型、安全型、焦虑－矛盾型儿童

型依恋。你可以理解为无论妈妈在或者不在都没有那么焦虑的安全型依恋的孩子在中间，那些焦虑的孩子分别站在左右两端。所有用回避的方式表现焦虑的孩子在左边，而那些用抗拒来表示焦虑的孩子在最右边。这也正是安斯沃斯的分类依据。

◎ 混乱型依恋

20年后，安斯沃斯的学生兼同事玛丽·梅因（Mary Main）又发现了一种之前没有观察到的依恋模型，也就是婴儿的第四种依恋类型——混乱型依恋。

这种宝宝会因为妈妈不在而哭泣，但妈妈回来后，你猜不到他会如何表现。他们有的向后躲开妈妈，站在那儿一动不动；有的瘫软在地，或者陷入一种茫然的、恍惚的状态；还有的看到妈妈时，用手捂住自己的嘴巴——达尔文在灵长类动物身上曾看到过这种姿势，他把这个姿势解释为"堵住尖叫"，就是本来要尖叫了，但是意识到尖叫更危险，于是堵住自己的嘴巴。

这些行为显然是怪异的、矛盾的，但它们却有一个共性：这些孩子似乎在寻找养育者的同时也害怕养育者。

不过，我们需要提醒大家的是，准确识别混乱型依恋

属于混乱型依恋的儿童

（包括焦虑型依恋）是极其困难的事情，所以不要轻易对照这些介绍给自己的孩子分类。当孩子被没有接受过专业训练的人贴上这些标签时可能会带来新的伤害。

安斯沃斯认为，婴儿的依恋类型在很大程度上取决于父母（或其他照顾者）对待他们的方式。当养育者能提供充足的支持，能够成为孩子的安全基地和安全港湾，即父母使用可接近的、有回应的、有帮助的育儿方式更容易使孩子形成安全型的依恋，反之则容易形成不安全型的依恋。

每一种依恋风格一旦成型，如果不做特别的矫正，将表现出相对的持久性。这又一次印证了我们前面提到的"俄罗斯套娃"般的一生。

婴儿并不是小号的成人，但在某种程度上，成人却是大号的婴儿。

每一种依恋类型的特点

安全型依恋儿童的特点

属于安全型依恋的儿童通常会在父母离开时明显感到不安，而在父母回来时会很高兴。当他们受到惊吓时，会向父母或其他看护人寻求安慰。他们很愿意接受父母的拥抱和亲近，会用积极的行为迎接父母下班回家。虽然这些孩子在没有父母的情况下可以被别人在一定程度上安抚，但他们显然更喜欢父母而不是陌生人。有大量研究发现，建立安全型依恋的儿童在童年后期会更善解人意。与不安全依恋类型的儿童相比，这些儿童的破坏性、攻击性更小，而且心智更加成熟。

实验证明，安全型依恋有助于孩子在未来建立更健康的亲密关系模式。

我们已经知道，依恋的一个重要意义就在于影响我们未来的亲密关系模式。

我们先来看看安全型依恋对我们的影响。

如果你有幸找到了一位从小是安全型依恋的人作为伴侣，那么恭喜你，你非常幸运。这样的伴侣认为世界是安全的。他会允许你做你自己，无论你是什么样子都接受你。要知道，亲密关系中最痛苦的事情，不是两地相思，而是两个人在一起，当你需要亲密的时候，另一半却需要距离。

安全依恋型的伴侣还具有同理心，内心充满了安全感，很难被威胁。我们在现实中看到一些长期受虐待、受家暴的人，当有机会逃离时也不愿离开，甚至主动又回到施虐者身边，他们自身多半就属于不安全型的依恋。

当一个人最不值得爱的时候，就是他最需要爱的时候，所以安全型的人自带疗愈功效。当对方被疗愈以后，浑身会充满爱，所以整个家庭氛围会充满了爱与和谐。

那么，什么样的养育方式能够让孩子形成安全依恋呢？

我们用一个例子来说明：

一个 2 岁的小男孩玩耍时，不小心打碎了妈妈心爱的花瓶。

他的妈妈是这样做的：

首先，她蹲下来看着孩子的眼睛，对他说："花瓶碎了，你感到很害怕，对吗？"

之后，她跟孩子一起看了一下打碎的花瓶，用难过的语气说："花瓶碎了，它好疼呀。"

接下来，她告诉孩子："我们把碎片包好放到垃圾桶里，锋利的碎片很危险，可能会让收拾垃圾的叔叔阿姨受伤。"

等收拾完后，再及时跟孩子沟通："宝贝，我们以后可以用什么方式才能保护花瓶不被打碎呢？"

"以后我可以在离它远一点的地方玩。"

"嗯，真棒，想出了一个办法，还有其他办法么？"

"或者我玩的时候就让妈妈把花瓶拿到另一个房间里面。"

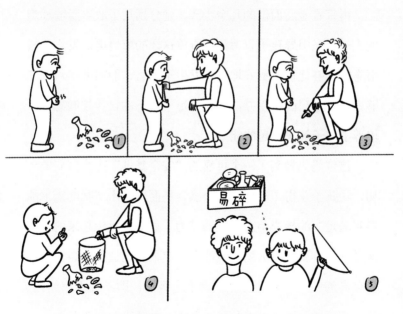

养育出安全型依恋儿童的场景

"那不如我们现在就来试试吧！"

妈妈和孩子一起把家里可能会被打碎的东西收了起来，然后陪孩子玩起了他最爱的射箭游戏。

我们来看看这位妈妈到底都做了些什么？

第一步，她并没有指责孩子，而是看着孩子的眼睛，跟他共情，因为她知道，孩子打碎了花瓶，第一反应肯定是恐惧、内疚和紧张。如果用"安全基地"这一理论来分析的话，这位妈妈敏锐地觉察出了孩子此刻的内心需求。

再来看她后面做的几个步骤，她分别用了故事隐喻和启发式对话来引导孩子思考如何避免这样的事情再次发生。故事隐喻能够让孩子更好地理解发生了什么，而启发式对话能够引导孩子自己想出办法，既满足了孩子的自我控制感，又培养了孩子解决问题的能力。

这位妈妈做到了一个可靠的"安全基地"应当做到的一切，让孩子获得了充分的安全感，从而发展出"我的需求能得到满足"的核心信念。大脑是为了适应而组织起来的，即使是一个小婴儿的大脑，也能在一定程度上适应和自己有很多差异的照顾者。只要照顾者不走极端，即不过于情绪化、苛刻和情感隔离，就能和孩子形成一种健康的依恋关系。

大多数母亲和婴儿都会形成安全的依恋关系，只有少数人会有不安全的依恋关系，而更少有人会形成混乱型的依恋关系。

矛盾型依恋儿童的特点

矛盾型依恋儿童常常表现出这种模式：明明还很难过就要求养育者把自己放下来，但很快又要求养育者再把自己抱起来，这里面所谓的"矛盾"就是，他们想在探索世界的同时还有养育者陪伴，却害怕自己的探索行为会让养育者不再陪伴自己。也就是说，他们不确定在自己有需要的时候，父母会不会在自己身边，会不会回应自己、帮助自己。这种不确定感使他们产生了巨大的焦虑，所以他们既不愿意离开父母，也不愿意去探索这个世界。

矛盾型依恋关系的形成似乎有几种原因：一种情况是，所谓的"直升机式的父母"在即便是完全没有危险的情况下也会全神贯注于孩子的安全，他们会觉得"我的孩子太珍贵了""这个世界太危险了"，这使得他们不得不时刻盘旋在孩子的周围。"家长可能会在无意识层面上意识到，持续的消极情绪会使孩子一直缠着他们，阻止孩子离开他们去探索环境"。

还有一种情况是，父母的抚养行为不一致，他们对婴儿发出的信号有时候不予回应，冷漠应对；有时给予回应，却时常搞错需求，比如在该换尿布的时候却非要喂奶。婴儿由此产生挫败感，会感到矛盾、生气和无助。

在这种模式中，孩子是十分矛盾的，他既想接近妈妈，但又经常怀疑妈妈。一旦妈妈某些时候离开了他，他就会把这种焦虑以愤怒的形式转移到妈妈身上，表现出抗拒、哭闹等行为。如果用一个词来形容矛盾型孩子对妈妈的感觉，那就是"爱恨交织"。

这些处在矛盾关系中的孩子始终被困在这样的陷阱中：他们没办法培养出足够的情感调节能力，因为他们一感到平静就想要去探索，但这种行为同时会发出心理预警，警告他们这样做对爸爸妈妈来说可能是有威胁的。美国加利福尼亚大学的一项研究表明，一个矛盾型依恋的孩子更容易抱怨，他们会过度寻求关注，看起来十分紧张，行为上表现得更为冲动，时常感到挫败和无助，恐惧和悲伤等负面情绪也常常伴随其左右。他们的探索行为和情感调节能力都受到了阻碍，这导致他们终生都习惯性地过度关注他人。

我们可以简单总结一下，父母有两类行为可能养成拥有矛盾型依恋的儿童：

第一，阻止孩子的探索。

第二，养育行为不一致。

如果对这两个问题再深入思考一番，大家可能会问：父母为什么要阻止孩子探索呢？这就需要我们更多地深入父母的内心和他们自己的童年经历进行分析。在这里，让我们还是用之前那个打破花瓶的案例来看看父母养育行为不同而造成的影响。

一个调皮的 2 岁小男孩，不小心打碎了妈妈心爱的花瓶。他恐惧地看着妈妈，担心接下来的狂风暴雨。不过，今天妈妈刚收到期盼了很久的包，心情很不错，所以她并没有要发怒的意思，反而心疼地搂着孩子安抚他："宝贝，有没有伤着手啊？没事的，妈妈待会儿把它收拾好就好了。下次要更小心一点哦，玩的时候要注意周围的东西。"孩子有些意外，但也很感激妈妈的宽容。

又过了几天，他在玩小弓箭的时候把客厅的一副装饰画射到了地上。他刚想开开心心地捡起画，妈妈过来了，不由分说地开始冲他大吼："你怎么回事，跟你说过多少次了，不

养成矛盾型依恋儿童的场景

准在家里玩这些东西！把我的话当成耳边风是吗？看我不揍
你的屁股！"原来，妈妈上午跟爸爸吵了一架，正憋着一肚
子火。

那么导致孩子形成不安全型依恋的原因到底是什么呢？
用心理学术语来讲，孩子的妈妈并不是一个"稳定的客体"，
也就是说妈妈对孩子的态度时好时坏，无法预测。就像案例
中所说的，在对待孩子弄坏物品这件事情上，妈妈的处理方
式是非常不稳定的。她心情好的时候会心疼孩子，担心孩子
受伤，但心情不好时，就会责骂孩子，哪怕明明是很小的错
误，也会让孩子受到更大的责罚。孩子这个时候其实成了家
长的"情绪垃圾桶"。

对于婴儿来说，如果遇到的是一个"好妈妈"，孩子就
知道要去亲近她，因为有妈妈在就是安全的；如果遇到的是
一个"坏妈妈"，孩子也知道要远离她，因为妈妈很危险。
但比较麻烦的状况就是，这个妈妈一会儿对孩子很好，一会
儿又对他很坏，这种情况下孩子就会很困惑，不知道什么时
候该亲近妈妈，什么时候又该远离她。

对照这个例子来看，如果妈妈一直是一个相对稳定的
客体，不论今天自己的心情是好是坏，当孩子不小心弄坏了

东西，都会温柔地提醒他，这样她养育出的孩子就会比较活泼，更愿意大胆地进行探索。如果妈妈一直脾气不太好，比较严格，只要孩子弄坏了东西都会严厉地责罚他，那么孩子可能就会比较谨慎，举止比较稳重，即使玩也会趁妈妈不在的时候玩。所以，只要妈妈的表现相对稳定，孩子都可以形成自己的应对方式。

但例子中妈妈的情绪是不稳定的、不可捉摸的。这样孩子就充满了焦虑，妈妈下一刻的心情是好还是坏呢？是会放过我还是会惩罚我呢？慢慢地，孩子就会习惯性地讨好妈妈，试图通过炫耀、装可爱或表现得有魅力来使妈妈满意，逐渐发展出"如果我表现好，父母才可能会爱我，才可能会满足我的需求"的核心信念。

所以，拥有矛盾型依恋风格的孩子长大后往往特别希望得到别人的肯定和赞许。面对亲密关系时，他们既渴望亲密，却又总用愤怒、焦虑、疏离等方式来掩饰害怕自己被抛弃的恐惧。他们认为自己是不值得被爱的，是没有价值的。他们只有拼尽全力去赢得他人的接纳与认可，才会找到一些成就感，以此支持消极的自我形象。

回避型依恋儿童的特点

我经常听到一些家长炫耀："我家宝贝非常懂事，非常独立。送他去幼儿园，从来都没有哭闹过，扭头就走。摔倒了也不像其他小朋友那样娇滴滴地找妈妈，自己拍拍土就爬起来了。就算遇到什么难过的事情，也尽量不哭，至少不让眼泪流下来。"

听到这些情况，我们通常会有一点担心。如果这个孩子除了不爱哭闹之外，跟父母的关系很疏离和淡漠，过于听话，基本不去打扰或纠缠父母，或者表现出与年龄明显不符的成熟、懂事，甚至在家庭中扮演大人的角色，那也有另一种可能，就是他可能是回避型依恋儿童。

在正常情况下，妈妈离开后再回来会激发孩子和妈妈亲近，但在回避型亲子关系中，妈妈和孩子会表现得像什么事情都没发生过一样。假装一切都好的孩子其实是发出了自我保护的假性信号：隐瞒消极情感，能同时保护自己免受抛弃与令人痛苦的恐惧。心理学家卡西迪（Cassidy）的研究表明，当孩子需要照顾者的安慰和保护，但又发现这种需要会让彼此觉得不舒服，那么孩子可能会表现出探索或者远离的行为。

也就是说，孩子害怕被抛弃，不知道妈妈会不会回来，于是先把自己保护起来——告诉自己即使没有妈妈，自己也照样好好的，期待越少，失望也就越小。不是不要妈妈的爱，而是自己先放弃掉对爱的期待，以此来避免受到伤害。从某种程度上说，他们放弃了自己的需求。

慢慢地，这个孩子变得不爱哭闹，总是安静而专注地自己玩，跟父母的相处也表现得很漠然。确实，在陌生人情境测验中，无论母亲离开或者回来，回避型依恋的孩子明显缺乏痛苦的表现，看上去更加平静。

但这只是一种假象。实际上，在分离场景中，这些孩子的心率和那些看上去很痛苦的安全型宝宝一样，都是加快的。后期研究又发现，这些孩子体内的压力荷尔蒙皮质醇的分泌在实验前后都明显高于安全型依恋的孩子。

这样的孩子长大以后会怎么样呢？属于回避型依恋的孩子，长大后最大的困扰就是过度依赖自己，而忽略关系的重要性，他们不喜欢求助，也不会求助。

虽然都是高回避型的孩子，但因为焦虑程度不同，在成年后他们可能会发展成两种不同的依恋风格。那些高回避、低焦虑的人发展成了疏离冷漠型，他们对自我的看法相对积极，相信自己的能力，认为他人是不可信任的，拒绝与他人相互依赖，把避免与他人发生联系作为保护自己不受伤害的手段。而那些高回避、高焦虑的人则发展成了恐惧型，他们对爱情多疑且冷淡，认为别人都是不可靠的。即使建立了亲密关系，也往往会过度地担心伴侣会离开自己。

还有研究表明，属于回避型依恋的人对物品的兴趣比对人的兴趣要强得多，更容易对游戏、网络、酒精成瘾。那些疏离冷漠型的人特别喜欢否定别人，经常说"我行你不行""我是有价值的，你是没有价值的"。当他们的自尊心被打击以后，就会寻找各种各样极端的刺激，例如酗酒、吸毒、滥交等。

那么什么样的养育方式容易让孩子形成回避型依恋呢？

我们还是用前面的例子来说明：

2岁的调皮男孩，不小心打碎了妈妈心爱的花瓶。这一次，导致回避型依恋关系的妈妈会怎么做呢？

一种情况是，她对孩子打碎花瓶的错误行为非常愤怒、喋喋不休："你看你干的好事，不让你在这里玩你非不听，从今天开始不准在家里这么玩！"她非常严苛和挑剔，孩子没有任何事情能得到她的认可，吃饭嫌孩子坐得不端正，饭粒

养成回避型依恋儿童的场景

撒的到处都是；写作业嫌孩子拖拖拉拉，字写得像狗爬；说话嫌孩子说不清楚，唱歌嫌孩子声音太小……她总是很少鼓励和表扬孩子，在家里制定了一大堆规则和限制。

还有一种情况是，妈妈自己就是疏远和冷漠的。孩子被花瓶的碎玻璃扎破了手指，哭哭啼啼地向妈妈寻求安慰的时候，她往往会冷漠地回应："好了好了，不要哭了，这点小事你能处理。"这种类型的妈妈情绪表达非常压抑，更多期待孩子能非常独立地照顾好自己。而孩子敏锐地捕捉到了妈妈的需求，于是他们呈现出了"我并不需要你，我甚至可以照顾你"的假象，以此来满足妈妈的心理需要。

因此，回避型依恋是由于父母经常对孩子采取疏远和冷漠的态度而造成的，他们更多期望孩子能对自己负责，对孩子日常的行为充满苛责和挑剔，总是不满意。同时，他们面对孩子的需求和帮助请求时又经常是拒绝的。这样的父母，虽然在孩子身边，却对孩子的需求不敏感，也没有做到及时回应。

回避型依恋的人就像是一只刺豚，当遇到危险时把自己膨胀到好几倍来吓唬对手，其目的只是为了掩饰自己的弱小。孩子用平静而疏离的假象，保护他们极度害怕受伤的心，他们的核心信念是"我不能指望任何人来满足我的需求，只能由自己来满足"。你读懂他们了吗？

混乱型依恋儿童的特点

这种类型的儿童人数不多，大约只有 5%~10%，但这种依恋类型足够糟糕，可以说是所有不安全依恋类型当中最糟糕的一种。这类孩子身上混合着 3 种依恋关系，而且以非同寻常的复杂方式结合着。

在陌生人情境测验中，安全型的孩子会在妈妈回来的时候迅速跑向她寻求安慰，但混乱型的孩子会出现奇怪的"卡住了"的表现，大概会持续 10~30 秒，所以安斯沃斯在开始研究依恋的前 20 年都没有发现这种类型的儿童，是另外一位心理学家梅因和她的学生一帧一帧地播放当年陌生人情境测验的录像片段才发现了这个现象：

他们想要奔向妈妈，但同时又意识到眼前这个人可能会伤害自己，于是他们不知道该怎么办才好，便"卡"在了那里。

除此之外，这类儿童还会表现出一些稀奇古怪的行为，比如接近陌生人却又把头转开，不看着人脸说话。有的孩子还会突然做出一些怪异的动作，比如僵在那里，只把一只手举高。

我们在前面了解了几种不同的依恋类型，发现哪怕是在矛盾和回避的情况下，孩子的恐惧都是可以解决的：属于安全型依恋的宝宝可以在需要抚慰和保护的时候靠近照顾者，属于回避型依恋的宝宝会专注于探索，从而防御性地把注意力从被照顾者的拒绝上转移开，属于矛盾型依恋的宝宝则会放大其依恋行为，以保持和养育者之间的联结。

那么，属于混乱型依恋的宝宝呢？他们的恐惧无法消散："妈妈，我需要你，但你太令人害怕了，以至于我无人能求助，我不知道能做什么。"

那么，什么样的养育方式容易让孩子形成混乱型依恋呢？

还来看那个打碎花瓶的例子。

孩子打碎了花瓶，当然会被揍一顿，这在这类妈妈看来是很正当的揍他的理由。除此之外，在日常生活中，妈妈还会毫无缘由地虐待他。

很多混乱型依恋的孩子常常出自极度贫困的家庭，或者其照顾者患有严重抑郁症或其他的精神疾病，又或者其照

养成混乱型依恋儿童的场景

顾者有滥用药物、酗酒、虐待等不良行为。他们通常遭受过父母严重的忽视或者是身体上的虐待。他们得到的照顾不连贯、不规律，以至于孩子的情感矛盾、行为混乱。

还有几种情况更隐蔽，普通的家庭也可能发生——当养育者刻薄、软弱或经常消失时，也可能与孩子形成混乱型依恋关系。

刻薄，最常见的表现形式是吼叫、辱骂（包括上面提到的暴力），也可以表现为对儿童的笑话、嘲弄和责骂。比如，"你简直蠢得跟猪一样！我是造了什么孽才有了你这么个孩子"等。

软弱，一个软弱的养育者经常不给孩子任何限制，随便他们胡闹，但当孩子受到别人攻击和欺负的时候，他们也没办法保护孩子，无法掌控局面，经常表现出无能为力的样子。

消失，几乎不用解释，无论是主动抛弃孩子，还是以爱为名从孩子的生活中缺席，都属于消失。

除此之外，父母婚姻的质量也会对孩子混乱型依恋的形成造成直接或者间接的影响。如果父母在婚姻中感觉到不愉快，经常发生冲突，可以想象，父母自身的心理状态也不会太好，哪里还有更多的精力去好好地、耐心地照顾孩子，满足他的需求呢？

有研究表明，即便是孩子还处在婴儿早期，他们也可以感受到父母或者主要照顾者的情绪变化。

曼彻斯特大学心理学教授爱德华·特罗尼克（Edward Tronick）曾经做过一个非常有名的"静止脸实验"。他让一个母亲愉快地和宝宝互动，宝宝非常开心，积极响应。一会儿后，让母亲换成一副没有表情的脸，宝宝逐渐发现母亲不

静止脸实验

对劲，开始想办法引起母亲的注意，但最后他发现，无论自己做什么都无法改变母亲的表情，这时他就开始崩溃大哭起来。心理学家埃里克森对此有一个非常到位的评价："婴儿是在母亲注视自己的目光中，认识自己的。"

在这个实验中，就那么几分钟的时间就足以让孩子感觉到不适。对于一直处于冲突不断的家庭中，常常被忽略甚至被虐待的孩子，可想而知，他们会遭受到多大的心理创伤！

当然，还有一种特殊情况，就是在一些既没有遭受过虐待，也不属于前面提到的极度贫困、父母酗酒等高危家庭的婴儿身上也出现了混乱型依恋，这可能是因为创伤的代际传承，也就是父母自己小时候受到过创伤，在无意识的情况下把创伤感受传递给了孩子。

那么，属于混乱型依恋的孩子长大后会有怎样的表现呢？

有研究表明，在1岁时表现出混乱型依恋模式的孩子，到3岁时会变得非常爱控制他们的养育者。这些孩子会做出一些羞辱、拒绝父母的行为，或者走向另一个极端：在一些有暴力和虐待的家庭当中，孩子会挺身而出保护母亲或父亲。保护孩子不受伤害本该是父母的责任，现在却反过来成了孩子的责任。

等到他们成年以后，在面对亲密关系时，他们完全没有任何技巧。他们表面上很冷漠，但内心又有着巨大的亲密需求。所以他们可能长期拒人于千里之外，但是一旦抓住了一个人就会像八爪鱼一样死死地抱紧对方。一旦对方受不了，他可能会说"如果你离开我，我就自杀"或者"如果我得不到的，别人也别想得到"，于是悲剧就发生了。

总体来说，混乱型依恋关系的形成大多是因为孩子在儿童时期受到了巨大的伤害和虐待，他们的依恋模式因为混合了其他三种依恋类型而变得极其复杂和扭曲。由于父母的无能以及失职，在孩子的成长过程中家庭内的角色是颠倒的，孩子更像父母，而父母更像孩子。等孩子到成年之后，由于没有学会任何关于亲密关系方面的技巧，一旦面临关系破裂，他们就可能出现自杀或者伤害他人等极端的行为。所以，这一类型的儿童和成人，内心是最痛苦的，也是最需要通过心理治疗来修复他们伤痕累累的依恋关系的。

当然，需要再次澄清和强调的是，影响婴儿依恋风格的因素是错综复杂的，以上我们主要从照顾者的养育行为（仅以妈妈举例）来说明，但这绝不意味着孩子如果形成了不安全型的依恋风格就一定是妈妈的错，它还跟婴儿先天的气质类型、家庭状况（包括经济情况、婚姻关系等）、文化差异等各种因素有关，很难说哪一种因素的影响更大。

但可以确定的是，即便形成了不安全型的依恋，后期也是可以修复的。

怎样判断孩子的依恋类型？

安斯沃斯的陌生人情境测验法

提到孩子的依恋类型，不得不提陌生人情境测验，它是一种通过观察孩子的行为来判断其依恋类型的方法。

前文已经介绍了陌生人情境测验法的分类及标准，在此详细说明一下实验过程。安斯沃斯和她的同事让 1 岁大的婴儿和他们的妈妈待在一个陌生的房间里，房间里有很多玩具。过程中会安排一些人员的进出：陌生人进来，妈妈离开房间，妈妈再回来。

片段	现有的人	持续时间	情境化
1	母亲、婴儿和实验者	30 秒	实验者向母亲和婴儿作简单介绍
2	母亲、婴儿	3 分钟	进入房间
3	母亲、婴儿、陌生人	3 分钟	陌生人进入房间

片段	现有的人	持续时间	情境化
4	婴儿、陌生人	3分钟以下	母亲离去
5	母亲、婴儿	3分钟以上	母亲回来、陌生人离去
6	婴儿	3分钟以下	母亲再离去
7	婴儿、陌生人	3分钟以下	母亲回来、陌生人离去
8	母亲、婴儿	3分钟	母亲回来、陌生人离去

安斯沃斯和其他观察者从隔壁房间通过一个单向观察屏对婴儿进行观察，并记录婴儿在不同情境下的行为反应。比如婴儿进入房间后是否主动去探索新玩具？陌生人进入房间后孩子是否有啼哭与紧张的表情？特别是当母亲再次返回之后，婴儿是否尝试引起母亲的注意？

需要注意的是，陌生人情境测验法最初只适用于9~12个月的婴儿，后经修订其适用年龄扩展至2岁。但对于2岁以上的被试者，这种方法的有效性被大大削弱。另外，使用这套方法时，需要由受过专门训练的观察者进行观察，所以很难广泛地普及。

父母日常就能使用的测验方法

美国学者沃特斯和迪因（Waters&Deane）联合创作的

一套儿童依恋行为分类卡片（Attachment Q-Set，AQS）就比较好地解决了陌生人情境测验法的局限。父母通过自己平时对孩子的行为印象就可以完成测验。这套测试一共包含90个条目，都是对儿童日常行为的描述。有研究表明，这套卡片同样适合中国儿童依恋类型的检测，有很好的跨文化的普适性。

不过，它的问题是测试题目太多，普通父母做完它可能需要30~40分钟的时间，而且计分也相对复杂，好多父母可能没有耐心一次性完成它。

心理学家豪斯和里奇在1999年将这个包含90个条目的问卷，在不影响测试结果的前提下，简化成了25个题目的版本，能够帮助普通父母更容易地判断自己孩子的依恋类型。

附录　豪斯和里奇改编版本 AQS 依恋测试
（1999年版）

如果你认为以下的描述符合你孩子的行为，计1分；如果不符合，计 −1 分。注意有"下划线"的问题是反向计分，如果你认为符合你孩子的行为计 −1 分，不符合计1分。得分越高，儿童依恋类型越趋向于安全型。

安全基地

- 当孩子发现新的东西可以玩时，他会把它拿给妈妈，或者远远地展示给妈妈看；

- 孩子在屋子里玩耍的时候，会留意妈妈所在的位置；

- 孩子会清楚地表现出以妈妈为中心的探索模式（探索后回到妈妈身边）；

- 当某件事看起来有风险或有威胁时，孩子会利用妈妈的面部表情作为很好的信息来源（妈妈放松或紧张，都可以影响孩子）；

- 如果妈妈走远了，孩子会跟着妈妈并在附近继续他的游戏（即使妈妈不叫孩子，孩子也会过去，但是会继续玩自己的游戏）。

避免行为

- 孩子对人比对物品（如工具、玩具等）更感兴趣；

- 孩子在妈妈视线之外玩耍时，妈妈很容易忘记他的踪迹；

- 有时，孩子对某些事情过于专注，以至于当其他人对他说话时，他似乎没有听到；

- 在完成简单的任务／游戏时，孩子比别人离妈妈更近或更频繁地回到她身边；

- 当孩子完成一项活动或玩具后，他通常不会在活动间隙回到妈妈身边，而是会找其他事情做（如兴趣班的课间休息，不来和妈妈相聚）；

- 如果有选择，孩子宁愿玩玩具也不愿意和大人玩；
- 当有什么事情让孩子心烦意乱时，他会待在原地哭泣。

寻求舒适

- 孩子经常拥抱妈妈或其他家人，即便是其他人没有要求或邀请；
- 孩子喜欢在妈妈的腿上放松；
- 孩子要求并喜欢妈妈抱着或者高频率地拥抱他；
- 当妈妈抱起孩子时，孩子会用胳膊搂着妈妈或把手放在她的肩膀上；
- 孩子玩耍时喜欢爬到妈妈身上；
- 如果妈妈把孩子抱在怀里，孩子会停止哭泣，在受到惊吓或心烦意乱之后会很快恢复过来。

积极协商

- 孩子很容易听从妈妈的建议，即使妈妈只是建议而不是命令；
- 当妈妈让孩子拿东西给她时，孩子会服从；
- 当妈妈说"不"或惩罚孩子时，孩子就会停止不端行为（至少在那个时候），不必说两次；
- 当妈妈让孩子跟着她时，孩子就照做。

艰难的沟通

- 孩子对妈妈要求苛刻，缺乏耐心。除非妈妈非常强烈地拒绝孩子的无理要求，否则孩子会持续提出过分的要求直到妈妈妥协；

- 当妈妈只是想帮助孩子做某事时，孩子表现得好像妈妈在干涉自己的自由；
- 当妈妈不马上做孩子想做的事时，孩子表现得好像妈妈根本不打算做一样。

第 4 章
如何建立孩子的安全依恋?

用上帝视角来看安全依恋的形成

作为父母,我们能为孩子做的最重要的事情之一就是和他们尽早地形成安全型依恋关系。如果孩子勇于探索未知,同时经常回到父母身边寻求回馈和安慰,那么孩子很可能就拥有安全型依恋。

安全型依恋使得一个人在一生之中都更容易与他人建立并维系较好的关系,这是因为拥有安全型依恋的人,信任他的依恋对象,不管是老师、父母还是恋人,相信他们会在自己需要的时候提供支持,而也正是因为知道父母或恋人是值得信赖的,会为他提供一个时刻欢迎他回来的安全港湾,因此拥有安全型依恋的人也更勇于探索世界。

孩子的安全依恋到底是怎么形成的呢？让我们用"上帝视角"来多方位观察一下。

视角1：一个亲子互动瞬间

"妈妈，我想吃这块糖，你能帮我打开吗？"

"这孩子，一点眼力见儿都没有，你没看见我这会儿在做饭吗？哪儿还有手能给你剥糖！"

小女孩有些失望地放下了手中的糖，过了一会儿，小女孩又在客厅里面玩起了橡皮泥，她高兴地举着做好的小鱼："妈妈，你快来看啊，我做的小鱼！"

妈妈头也没抬地说了一句："好了，别玩了，要吃饭了，手又搞得脏兮兮的。"

这是我（托德老师）去一个朋友家里做客时看到的场景。她这次邀请我来还有一个目的——帮助她的女儿西西解决问题。在她看来，3岁的西西简直是一个槽点满满的"问题儿童"，比如"胆小，不合群，经常莫名其妙地哭泣，对什么事情都不积极"。

但是经过短短一个下午的观察，我看到更多的却是妈妈的"问题"。例如她对孩子最多的回应是："好了，妈妈忙着呢！""快点，不准这样！"等，就是不关注孩子当时希望她关注的事情。很显然，我的朋友并没有意识到她的回答对孩子产生的影响。

往往就是这样的一些话语，阻隔了孩子形成安全型依恋的通路。西西妈妈也没想到，父母的话语和孩子的"问题"，有着这么紧密的联系。

问题出在哪儿呢？虽然我们能够大致想象到西西妈妈并没有满足孩子当时的需求，但我们也很难说清楚，到底是什么样的需求没被满足？让我们把答案留到下一个视角来揭晓。

视角 2：安全感的成分

一个刚学会走路的小婴儿，绝对不会让你抱在怀里。他要拼命地挣脱你的怀抱，跌跌撞撞地去探索他的世界。当他觉得自在的时候，他会自顾自地往前爬，等他爬得足够远了，他会回头看看妈妈，确认妈妈在不在，如果还能看到妈妈，他又会放心地越爬越远。但当他觉得不安全、不舒服的时候，他会使出吃奶的劲儿爬回妈妈的身边，黏在妈妈的身上。直到他的心情平复下来，然后再次出发去探索世界。

学步期儿童的安全感

这个场景，相信大部分父母都不陌生。这个场景里，蕴含着依恋最基本的模式——信任养育者的孩子内心更有力量，更想探索世界。我们之前做过比喻：安全、稳定的父母像是加油站，孩子像是小汽车，在爱的加油站加满了油之后，孩子就开始满世界探索，他们会感觉身后一直有一股支持自己的力量。

问题是，这个油是怎么加满的呢？

这里就需要解释一下，我们要给孩子带来什么样的安全感。具体来说，这种安全感包含两个维度：第一个维度是**人身安全**，这个孩子被照顾得不错，衣食无忧，父母的安全意识也比较强，不轻易让孩子受伤。这个维度大部分父母其实都能做到，但是大部分父母也只停留在这一个维度。只做到这一点对安全感的形成是不够的！

另一个维度是**心理安全**，孩子知道想哭可以到谁怀里去哭，知道有妈妈在的地方就是安全的。英国精神分析学家唐纳德·温尼科特（Donald. W. Winnicott）很好地解释了这个理念：婴儿需要一个充分的"抱持性（holding）环境"，在这样的环境中，婴儿心理的成长逐渐展开，从而能"应对生活中的困难"。我们可以把"抱持"理解为孩子被父母无条件地接纳，当孩子有心理需求的时候能及时被满足。

"抱持"这一点是经常被忽略的，是很多父母没有做到的。当大家想起自己的父母时，会有那种被"抱持"的感觉吗？比如，小时候哭闹时不会被父母讨厌，不会觉得哭有羞耻感；生气的时候能够被父母理解，并且在自己平静以后，父母再对自己开展教育。然而，可能大部分成年人的记忆是相反的。我们小时候就没有被父母在情绪上完全接纳，我们的需求也得不到全然的回应，反而容易被斥责为"不听话"。所以，很多时候我们自己会莫名其妙地紧张，伤心的时候也哭不出来，感觉胸口像被什么堵住了一样。有过这样成长经历的父母，也很难在自己作为养育者的时候对孩子做到抱持。这也正是我们要阅读这本书的意义。

儿童的实际安全感和心理安全感

　　父母是否提供了这两种安全感,从孩子的行为上是很容易观察出来的。首先,孩子在情感上非常信赖父母;其次,他愿意向父母求助,心情糟糕的时候第一个寻求安慰的对象就是父母;最后,就是他愿意主动跟父母分享自己的感受,而不需要父母反复询问还三缄其口。

　　温尼科特提出的"抱持"这两个字,真的太贴切了,它可以帮助我们准确地理解安全的亲子关系之间的那种感觉。我们生活在这个世界上,多半不会留意到坚实的大地在托举着自己，也不会感恩无处不在的空气和水。安全稳定的依恋关系也是这样，大部分情况下它退居幕后，是孩子底层操作系统的一部分，只有当遇到威胁的时候，依恋系统才会被激活并走向台前。

这就是为什么孩子在平静惬意的时候会自顾自地爬走，并不需要父母的持续关注，而一旦感受到不安全，他们的依恋系统就会重新启动，促使他们爬向父母、向父母表达需求。这种依恋关系会贯穿孩子的整个童年期和青春期，一直持续到成年。不过随着孩子年龄的增长，它进入台前的频率会越来越低，强度也会越来越弱。

视角 3：依恋发展的时间轴

虽然从孩子一出生，依恋的生物本能就已经开始发挥作用，但要形成一种稳定的依恋关系，还需要经历几个关键的阶段。这几个时间节点把握好，也会让安全依恋关系的形成更加顺畅。

那么依恋形成的过程是怎样的呢？依恋理论认为，在孩子 0~2 岁期间，如果妈妈能够主动、积极、温暖地回应孩子的身心需求，孩子就比较容易建立起安全的依恋关系，反之则会建立起不安全的依恋关系。按照鲍尔比的说法，母亲和婴儿大致要经过四个阶段，才能最终形成一种动态的依恋平衡。

第一个阶段为"前依恋阶段"（preattachment phase），大约在婴儿刚出生到一个半月左右，这时的婴儿是没有选择倾向性的，谁都可以是他们的母亲，但他们已经会使用诸如哭、抓等反射性行为来吸引照顾者的注意了。

前依恋阶段（从出生到1.5个月）

第二个阶段为"依恋形成阶段"（attachment-in-the-making phase），婴儿从一个半月开始，到7个月左右，对照顾者比对陌生人要更亲近，也就是说他开始有指向性了。此时的婴儿开始学习与他人互动的基本法则。当他们确定自己发出去的信号总是被很好地回应时，他们就会建立自信。

依恋形成阶段（1.5~7个月）

如果父母实在没有那么多时间和精力照顾孩子，至少在这个阶段要多陪伴和照顾孩子，不要忽视孩子的依恋形成期。让孩子在这个阶段拥有一个稳定的、能够跟他互动的、能够相互调节的照顾者，逐步帮孩子建立起对自己的信任感。当然，这只是最低要求，最好是不错过每一个阶段。

第三个阶段为"**依恋明确阶段**"（clear-cut attachment phase），发生在婴儿 7 个月左右到差不多 1 岁期间。这个时候如果妈妈离开，哪怕只是着急去趟洗手间，孩子都可能会表现出相当程度的分离焦虑，会哭闹、撒娇，拉着妈妈的衣角不让走等。

这个时候，照顾者怎么安抚这个孩子就变得尤为重要。如果硬生生地把孩子拽开，或者呵斥他"我就去上个厕所，又没离开，你哭哭啼啼的干什么"，这些回应就没有照顾到孩子的内在需求，孩子也会因此而受挫。到此阶段，孩子对主要照顾者依赖感强，依恋关系也算是正式地发展起来了。

第四个阶段为"**互惠的关系阶段**"（reciprocal relationships），指一岁半或两岁以后，随着认知能力的发展以及语言能力的大爆发，孩子越来越能够理解照顾者来来去去的根本原因。当他们能清楚地认识到妈妈上厕所只是暂时不在自己的视线

依恋明确阶段（7~12 个月）

互惠的关系阶段（1 岁半或 2 岁以上）

中，并不是消失了，也能够共情妈妈憋着不上厕所会很难受，能够预测她一定会回来，此时，他们的分离焦虑会大大地降低。从此，依恋双方真正建立起了互惠的关系，双方都可以对关系进行调节和平衡。

视角 4：依恋的形成是一场互动游戏

我们在前文中把孩子和父母之间的依恋关系，比喻成双方接发球的过程。也就是说，形成依恋的过程就像是一场网球比赛，双方需要根据对方的动作不断调节和变化自己的动作，才能完成一场精彩的比赛。关于这件事，美国一位有 35 年从业经历的精神科医生及心理治疗师雷吉娜·帕利（Regina Pally）在她的书籍《反思的爱》中用了另一个非常形象的比喻："想象一艘小船在左右摇摆，当船向一侧倾斜时，调节就是要保持小船处于平稳状态，这样就不会翻船。进行调节意味着小船可以左右摇摆，但每一次摇摆之后，船长需要把它调回平稳的状态。"小船就像我们的婴儿，每次当他的行为、身体生理机能和情绪唤起状态等开始"左右摇摆"的时候，作为船长的照顾者就需要将它调节到健康平衡的范围内。

　　四个月大的女儿刚刚从一场熟睡中醒来，似乎花了一点时间才确认自己一个人躺在婴儿床上，这是个好脾气、有耐心的宝贝，她没有马上开始哭，而是瞪大了眼睛等待了一会儿，但似乎还是没有人发觉她已经醒了，她有些不耐烦地开始嘟着嘴发出咿咿呀呀的声音，小手小脚开始烦躁地踢打起来。

　　妈妈在隔壁房间，仍然没有看到这一幕。终于，女儿的小嘴瘪了又瘪，忍不住放声大哭起来。

　　妈妈的声音马上传了过来："哎呀，我的小宝贝醒了。"紧接着，她笑意盈盈的面孔已经出现在了小床的上方，"宝贝，不哭了不哭了，妈妈来了"，她一边说着，一边伸出双臂把女儿抱入怀中，双臂像摇篮一样轻轻地摇动。女儿的哭声降低了，但似乎还在为妈妈的姗姗来迟而不满，持续发出哼哼唧唧的抗议。妈妈开始抱着她在房间里踱步，嘴里哼着一支不知名的小调。终于，女儿完全平静了下来。妈妈把她放在了旁边的大床上，自己则坐在她旁边，好让她完全看得到自己的脸。

　　妈妈摸出一块纱巾，女儿表情严肃但安静地观察着。妈妈先用纱巾轻轻地拂过宝贝的脸庞、身体，一边用愉快的声调说："蹭蹭小脸蛋、蹭蹭小脚丫。"女儿显然对这个游戏很感兴趣，她发出高亢的声音作为回应。

紧接着，游戏升级。妈妈用纱巾挡住了自己的脸，嘴里发出一串嘀嘀嘟嘟的声音。此刻的女儿注意到了这个变化，好奇地瞪大了眼睛，似乎屏住呼吸在等待妈妈下一步的动作。然后，妈妈发出一声"啊哈"，同时放下挡着脸的纱巾。当妈妈的脸重新回到女儿的视线中时，女儿似乎被按下了开关一般"咯咯咯"地笑起来。接下来，这个游戏继续，女儿则不断从安静、屏息到大笑。

就这样重复了三四次，女儿开始把目光从妈妈的脸上挪开，用轻微的抗议声替代了先前的大笑。这是因为先前的情感被调动得过于热烈，小婴儿无法承载这么强烈的情感，因此她发出了调节的信号，要求降低刺激强度。

但妈妈没有及时捕捉到这个信号，她以为宝贝厌烦了这个游戏，于是她放下纱巾，捧起女儿的小脚，嘴里念叨着："这是谁的小脚丫，我要一口吃掉它。"然后作势要咬下去，平时这个小互动会引起宝贝撒娇似的哼唧和欢快的大笑，但这次，宝贝明显扭转了身子并发出了小声的啜泣。

这下，妈妈明显感觉到女儿不舒服了。她降低了声调，轻柔地说："宝贝是不是不想玩了？那我们休息一下吧。"她稍微往后坐了一点，没有再说话。宝贝已经不哭了，但还没

~路路

儿童需求被满足的动态过程

有扭过头来。妈妈耐心地坐着，一只手轻轻地拍着床沿。

大概过了一分钟，女儿望向妈妈，又给了她一个大大的笑容。

这是我们很多年前做"婴儿观察"时看到的一组互动。很明显这是一个妈妈成功调解孩子情绪水平的场景。无论是消极的还是积极的情感，小小的婴儿都无法承担太多，所以他非常容易表现出开心愉悦或者烦躁焦虑等情绪。当他觉得难过焦躁时小船会偏向一边，而当他觉得过于欢快兴奋时小船则会偏向另外一边。孩子在海浪中左右摇摆，通过语调和身体姿态的变化向照顾者发出需要调节的信号。敏感的照顾者会通过降低音量、将视线转移至别处等手段降低风浪的级数，让小船慢慢地平静下来。

通过这些共同调节的互动，婴儿逐渐学会独立调节自己的情绪，进而形成一种亲子间的互动模式。**就像依恋关系为未来的所有关系打下模板一样，这种婴儿期与母亲的同步成为孩子未来自我调节的模板**——互动的形式可能会随着孩子的成长而发生改变，但核心逻辑是相对稳定不变的。这个过程，被有的心理学家称为"爱的双人舞"。

建立安全依恋需要什么样的养育者?

英国心理学家、作家希尔维亚·克莱尔（Sylvia Clare）曾说:"这个世界上所有的爱都以聚合为最终目的,只有一种爱以分离为目的,那就是父母对孩子的爱。"

可能很多人会觉得建立安全依恋就是不断强化与孩子之间的亲密关系,满足他们的一切需要。但是,他们不知道强化亲密关系的最终目的是让孩子与自己成功地分离,至少让孩子在心理上完全独立。说到分离,并不是让孩子吃饱穿暖、安全长大就可以分离,也不是让孩子不输在起跑线或进入最好的学校、找到体面的工作就可以分离,而是让孩子懂得,爱父母却不依赖父母,学会对自己的生活负责;和父母保持良好关系,同时又能坚守界限,不过度侵入对方的生活,只有这样,孩子才能与父母健康地分离。没有建立安全依恋的孩子长大后,会变得依赖父母,却不懂得爱父母。他们也更容易把自己的不幸归结为父母的责任,这就是心理上不独立的表现。

所以,我们说的分离,更多强调的还是联系。父母就像黑夜里的一盏灯,没办法陪孩子走进黑暗,但永远为他亮着。而孩子,正是因为知道有这盏灯在,才能更勇敢地迈出探索的步伐。

父母要给予的,就是爱。如果硬要把这份爱具体化,一个极简的描述就是:**在孩子探索时给予鼓励和信心,在孩子恐惧时给予安抚和保护。这就是在养育拥有安全依恋的孩子时的两个系统:依恋系统和探索系统。**帮助孩子建立安全依恋,说起来容易,做起来很难。父母经常是一开始很有耐心,等耐心消耗殆尽,就开始按照原始本能来育儿了。

我们先从孩子的角度看看孩子们都需要些什么。

3 岁的贝贝跟爸爸在小花园挖土。贝贝专注地用小铲子一铲一铲将土块堆放在自己的玩具翻斗车里,装满了之后倒出来,再来一次。一开始,爸爸还饶有兴趣地注视着这一切,但很快,他发现贝贝完全沉浸在自己的世界里,头也不抬地反复装了倒,倒了装,爸爸觉得有些无聊了。正好此时,电话响了,爸爸起身走到花园另一边去接电话。

贝贝抬起头,丢下铲子,捧起自己的翻斗车走到爸爸身边:"爸爸,你看我的车。""嗯嗯",爸爸一边夸张地摆出一个点赞的手势表示回应，一边继续电话里的交谈。贝贝继续贴着爸爸呆呆地站着，爸爸推开了他，特意又往外移了两步。"爸爸，你陪我玩"，贝贝又凑了过来，拽着爸爸的裤子，只见爸爸的表情开始变得非常不耐烦，他先对着电话那头说了句："你先稍等我一下啊。"然后冲着贝贝喊道："没看见我忙着呢吗？你到底想要干嘛？"

3 岁的贝贝或许无法回答"自己到底想要干嘛"这个问题，因为按照鲍尔比的说法，标准的答案应当是，"当你看上去好像不在我身边时，我那种与信任的特定养育者保持亲密的本能激活了我的依恋系统，引发了我的依恋行为"。不但如此，贝贝，包括贝贝的爸爸都无法理解为什么贝贝会在玩得挺开心的时候突然感到需要被安慰，而爸爸只是走开打了个电话而已。

依恋行为和探索行为就像跷跷板的两头。当孩子感到不安全时，或者出现了一些自己无法理解、无法整合的状况或感受时，依恋行为就会被激活，跷跷板的这一端开始不断加码。相应地，孩子的探索行为就会停止。反过来，当孩子感到足够安全的时候，他就会开始向外的探索行为，那么这时跷跷板又会偏向另一端。

依恋行为和探索行为就像跷跷板的两端

要想平衡孩子的探索行为和依恋行为，需要父母扮演安全基地、安全港湾和脚手架这三个关键角色。

建立安全依恋，父母需要扮演的
三个关键角色

安全基地：在孩子探索时给予其鼓励和信心

什么是安全基地？打一个比方，你一定知道航空母舰，那种搭载战斗飞机的巨型轮船。虽然母舰的作用常常只是等待，但却非常重要。它类似于战斗飞机的大本营，功能是提供补给、维修和休养等服务。对于孩子来说，作为安全基地的父母，就像航空母舰一样。那是孩子探索的开始，也是孩子可以随时补给的地方。当感到痛苦时，他可以在那里得到平静；当受到惊吓时，他可以在那里得到安抚；在生命之初，他可以在那里获得维系生存需求的养分；等到逐渐长大，他能够在那里获得更多精神层面的滋养——只要妈妈在，孩子就会觉得很安全，就可以自己去探索。

除此之外，安全基地还有另外一重意思：既然只是基地，是大本营，那就说明这里并不是孩子的目的地。作为照顾者，父母支持孩子自己出去探索世界，能够放心地让孩子开展独立、自主的活动，是安全基地的功能之一。也就是说，孩子不要黏着妈妈，同样妈妈也不要黏着孩子。当孩子在一个环境里玩耍或者探索的时候，不要紧跟在孩子后面走来走去，这样孩子才会有自信、有勇气拥抱外面的世界。

壮壮是个充满好奇心的3岁男孩，喜欢这里瞧瞧，那里看看，这里摸摸，那里玩玩。但妈妈最常对壮壮说的一句话就是："不行！不可以！不能碰！"她带壮壮去逛菜市场，壮壮看到鲜鱼一脸好奇，刚想伸手去摸，妈妈看到后，立刻如临大敌，马上大声阻止。妈妈在家里怕壮壮磕着碰着，撤掉了所有带角的家具，简直就是日剧"我的家里空无一物"的现实版。一家人常常坐在客厅地板上吃饭，跟野餐似的。有一次，壮壮在玩的时候，不小心摸了一手树胶，本来壮壮觉得还挺好玩，但看到妈妈着急地到处找湿巾给自己擦手，壮壮待在原地，不知道如何是好。

可可是个有些腼腆的4岁女孩。一次妈妈带可可去游乐园玩，可可虽然很想玩但又有些害怕。于是妈妈蹲下来鼓励可可去玩沙子、堆土，跟可可说："没事儿，妈妈就在这儿呢，勇敢地去玩吧。"一开始妈妈紧紧跟在可可身边，当看到可可专注地玩了起来，就不再跟着她了，只站在可可能够看得见的地方。玩腻了沙子，可可想要去玩滑滑梯，但这个滑梯太高了，可可上去了几次都不敢滑。眼看着可可就要哭了，妈妈迅速走过来说："宝贝，滑梯太高了，你有些害怕是不是？试试看，先坐在板子上，然后屁股一点点地往前挪。"可可还是不敢，妈妈也不着急，带着可可去观察别的小朋友是怎么滑的，边看边给可可分析他们的动作，接着妈妈问可可还想不想滑，可可点了点头，终于在妈妈的指导下，顺利地从高高的滑梯上滑了下来，可可高兴极了。

以上这两个案例，都与安全基地这个概念相关。

其中可可妈妈把安全基地的功能发挥得比较好。理由是可可妈妈没有过度干预孩子的自由探索，一直积极关注孩子的一举一动，很快识别出孩子的需求，立马回应孩子。慢慢地，可可就会建立起足够的安全感，从而勇敢地自由探索，即便遇到困难，也会相信妈妈永远在身后支持自己。

而壮壮妈妈出于健康和安全考虑，想尽办法避免孩子受到伤害，这个出发点无疑是好的，但这样做也在无形中限制了孩子的自由探索，会严重干扰孩子的成长，变成以爱之名的枷锁。孩子会觉得这也不能做，那也不能做，渐渐地就会变得不愿意去尝试和挑战新的事物，变得懦弱和胆小。

如何成为孩子更好的安全基地？

依恋理论的创始人鲍尔比说过，成为合格的安全基地有三个关键点，分别是**可得的**（available）、**敏感的**（sensitive）

和有反应的（responsive）。

"可得的"，指的是照顾者要让孩子能接触得到。还记得哈洛的恒河猴实验吗？就像那个毛绒猴妈妈，虽然是个假妈妈，但它起码一直在那儿，当小猴子任何想依靠的时候都能够提供温暖的怀抱。但对于很多留守儿童来说，父母不在身边，就是"不可得"的。

现在网络技术发达了，有些父母觉得就算自己不在孩子身边，也可以跟孩子视频通话，孩子也可以看到自己的模样，听到自己的声音，这样就是"可得的"了吧？让我们再想想哈洛恒河猴的"恶母生成实验"，代理妈妈的身体会发出铁钉子射向小猴子，即便小猴子被钉得哇哇怪叫，还是会紧紧地抱着这个代理妈妈，这是为什么呢？有比没有强，小猴子想要有一个真真切切的怀抱。用温尼科特所说的"抱持"来解释也是一样。在成为一种精神层面的感受之前，被抱持的体验首先应当是可感知的，就是被"双臂环绕"的感觉。照顾者的双臂形成了一个边界，孩子终将体会：在这个边界里，我是安全的，在这个边界外，我是独立的。

相较于"可得的"这个条件，"敏感的"和"有反应的"（也称为敏感度和合作度）则更为关键。

"敏感的"，是指照顾者要对孩子的需求有敏锐的觉察力。再强调一下，这里的敏感指的是对孩子需求的敏感，而非对孩子发出信号这个行为本身的敏感。比如，孩子突然大哭起来，照顾者很容易关注到这一点，然而，更重要的是，照顾者要分辨孩子到底是饿了还是不高兴了，是身体不舒服了还是想睡觉了，是需要马上抱抱，还是想让妈妈拍拍。

"有反应的"，是指当父母觉察出孩子的需求后，就要给予反馈，与孩子进行接发球式的互动。孩子的球已打出，父母要及时准备挥拍打回。能够给孩子反馈，就是"有反应的"。正如"敏感"是指对孩子需求的敏感一样，"有反应的"是指照顾者需要做出恰当的反应。也就是说，照顾者的反应不一定要特别得快，处理得特别果断，更重要的是要恰当。

举个例子，并不是每次小婴儿一哭都需要照顾者马上抱起来抚慰。有时候他可能在练习撒娇这种社会技能，这时照顾者最好温柔地看着他，嘴里"嗯呀"地逗逗他，满足他的想法。

看到这里，是不是感觉到第一个要点"可得的"还算比较好操作，让孩子尽可能地待在我们身边，有需要时能随时找到我们就好了。确实，这一个要点在理论上是最容易做到的，但遗憾的是，现实中还有很多人忽略这一点。在我们临床咨询中，常常看到有的父母为了得到更好的工作报酬、升职机会，不得不长期离开孩子，在孩子上小学或中学之后才把他们接回自己身边。也就是说，他们在孩子该建立安全依恋的时候缺席，却又在该立规矩的时候出现。因为没有那层爱的关系打底，父母的规矩和严格要求往往引起孩子的反感和抵触，因而发生了种种冲突。这个时候我们就要权衡一下，用金钱来交换孩子的安全依恋是否值得呢？

至于第二个要点"敏感的"和第三个要点"有反应的"，想做到就更难了。

很多妈妈是"可得的"，却并非"敏感的"和"有反应的"。我们在日常生活中也会经常遇到这样的妈妈。

乐乐是一个1岁多的小男孩，他活泼、爱笑。一天，妈妈用小车推着他在小区花园乘凉。这时，妈妈碰到了邻居，就跟他们闲聊起来。乐乐自己在小车里抱着皮球玩。突然乐乐把皮球掉到了地上，他想翻出车子去拿。

如果你是乐乐的妈妈，你会选择下面哪种做法呢？

第一种做法：跟朋友聊得热火朝天，交流八卦和育儿经；刷手机；回复工作信息……总之就是压根没有注意到孩子的状况。

第二种做法：虽然在跟邻居聊天，但眼睛一刻也没有离开乐乐，随时关注他的动向。一看到他的皮球掉了，立马跑过去：

"宝宝皮球掉了是吧？没事没事，妈妈帮你捡。"

捡回来交给乐乐，谁知他看了一眼，"啪"又给丢掉了。

"哎呀怎么又扔了，没拿好是吧？没事没事，妈妈帮你捡。"

如此反复几次，脾气再好的妈妈也终于忍不住了："你这孩子怎么这样啊？就喜欢折腾妈妈是吧？算了，不给你了，反正给你也是丢掉。"

你更像第一种妈妈还是第二种妈妈呢？或者，你是否有第三种做法呢？

我们来分析一下。第一种妈妈压根没有注意到孩子的状况，既不是"敏感的"，也不是"有反应的"。

第二种妈妈的做法看起来好了很多，对孩子的需求也非常敏感。她及时观察到了乐乐的皮球掉了并且想努力去捡，同时也做到了给予反应，比如，对宝宝说："没关系，妈妈帮你捡。"

那第二种妈妈的做法是不是完全符合安全基地的要

求呢？也未必，我们要判断一下，她做出的是否是"恰当的反应"。

如果乐乐在妈妈第一次帮他把球捡起来之后，就立马开心地玩起球，那么妈妈的这个反应就是恰当的反应。但案例中的乐乐似乎不是这样的，妈妈帮他捡了一次又一次，他都丢在了地上。一个恰当反应的妈妈会怎么想呢？她可能会意识到：哦，这孩子是在享受把东西丢在地上的快乐。小孩子在某一个阶段就是很喜欢把东西丢出去，再看着你给他捡回来。他是在确认自己的力量。这个时候，如果妈妈愿意，可以配合孩子玩一玩这个游戏，加上一些夸张的表情和动作，让孩子得到更大的快乐。这种轻松有趣的亲子氛围，也可以培养孩子的热情、好奇心和复原力。至少，妈妈不要误解孩子是故意跟自己作对从而激发自己的愤怒。

也或许，乐乐是想要体验自己捡东西的快乐。那此刻的妈妈就不需要一次又一次地配合，不但累还剥夺了孩子的体验。妈妈只需要把他抱出儿童车，放在地上，让他自己去追逐皮球就好了。

所以，这个案例给我们一个什么启示呢？

如果孩子总是重复某一个行为，我们不要认为孩子在跟我们作对，而是要意识到或许是他有需求还没有被满足到。

如果我们能够不断调整自己的处理方式，去满足孩子的需求，他的不良行为也就会逐渐消失。

我们再来看一个案例：

6 岁的浩浩在客厅里折纸飞机，经过一番努力终于大功告成，他大声地喊："妈妈，快来看！"而这时妈妈正在厨房里热牛奶，头都没抬地问："刚才给你做的煎蛋吃完了吗？别玩了，快去吃！不然凉了。"

浩浩似乎还在为飞起来的纸飞机兴奋不已，继续喊道："妈妈，你快过来看看我的飞机！"这时妈妈才朝客厅瞥了一眼，应付道："我看到啦！你这孩子，怎么吃饭时间还在玩，快过来吃煎蛋，听到了没？"

结果浩浩依然没有听到妈妈的催促，继续玩纸飞机。

如果浩浩妈妈认为孩子不听话、贪玩，继续催促他去吃饭或者提高吼叫的声音，那么这一次的反应，依然不会是恰当的反应。

但她没有恼怒，而是停下手中的活回想了一下浩浩刚刚的行为，意识到或许是自己忽视了孩子希望跟自己分享喜悦、渴望得到妈妈认同的需求。于是她走到客厅，拿起浩浩的纸飞机，由衷地赞美了浩浩，然后才说："纸飞机也要补充能量才能飞得更高呢。我们一起带着纸飞机去吃鸡蛋补充能量好不好？"这一次，浩浩没有充耳不闻，而是用从没有过的速度飞奔到了餐桌前。

当我们觉察出孩子的内心需求并满足他时，情况就会大不一样了！

总之，想要成为孩子合格的安全基地，首先我们要做到的是能够实实在在地陪伴在孩子身边，第二要敏锐地观察到孩子此刻对我们的需求，最重要的是要觉察出孩子真正的需要并及时做出恰当的反应。

安全港湾：在孩子恐惧时给予其安抚和保护

什么是安全港湾？一艘小船航行在茫茫的大海上，突然遇到了暴风雨，这艘小船最想要做的，就是尽快回到平静的港湾躲避风险。同样的道理，当孩子受到伤害、遇到挫折的时候，感觉很恐慌、很害怕，希望能回到妈妈的身边寻求安慰，这就是安全港湾。跟安全基地的不同在于，安全港湾更加强调的是照顾者对孩子情感调节的功能。

曾经有个妈妈抱怨孩子不肯练琴，每次到了练琴的时候就磨磨蹭蹭抹眼泪，冲着妈妈发脾气。"可问题是，是她自己说要学琴的啊！"妈妈又委屈又愤怒地说："凭什么把脾气都撒在我身上？"在这种情况下，考验的就是妈妈对孩子强烈情感的涵容能力了，作为比孩子更成熟、更理智的成年人，我们扮演了一部分"容器"的作用，时刻接纳孩子坏的情绪。当孩子气急败坏地跑回家，父母需要做的就是把他抱在怀里，让他一把鼻涕一把眼泪地把情绪发泄出来。

淘淘是个手工爱好者，特别喜欢玩积木。一次在拼一辆消防车时，遇到了一个小拐角，怎么拼都不对，他急得哭了起来。淘淘妈妈在专心拖地，并没有注意到淘淘的心情，直到淘淘拿着积木走了过来："妈妈，你陪我玩吧！我拼不好。"妈妈很不高兴地说："你没看到妈妈都忙成什么样了吗？自己的事情自己做，多想想办法，不要老是依赖妈妈！"淘淘抽抽嗒嗒地走开了，那个未完成的消防车就一直"躺"在角落里。

鹏鹏今天过生日，他请了很多同学来家里玩。大家给鹏鹏带了各式各样的礼物。有份礼物是甜甜送的，鹏鹏当着她的面拆开后发现是一套科普故事书，要知道，鹏鹏最烦的就

玩积木的孩子

是爸爸天天念叨让他多看点书。他看上去明显很失望甚至有些恼怒。一边的妈妈注意到了鹏鹏的情绪变化，跟鹏鹏说："看上去你好像不是很喜欢这个礼物，有些失望是吗？"鹏鹏沮丧地说："确实是的。"妈妈接着说："不过这套书看上去挺有趣的，我倒是挺想看的。你看这样好不好，这个就算我的礼物吧，作为补偿，你可以把这个礼物兑换成其他你想要的东西。"鹏鹏的眼睛一下子亮了，连声说"好"。妈妈接着说："那我们是不是要感谢甜甜送了这么好的礼物呢？"鹏鹏转向甜甜，真诚地说："谢谢你的礼物。"甜甜本来有点尴尬的脸上也绽开了笑颜。

（注：这个案例是根据萨尔尼（Saarni）提出的"失望礼物范式"改编的。"失望礼物实验"通过测量学前儿童在面对一个并不满意的礼物时的面部表情、言语表达以及行为方式，判断他们在面对易于产生消极情绪的情境时进行了积极还是消极的情绪调节。因为这个实验的有效性被许多研究者所证实，后期逐步变成了其他研究者进行此类实验的标准，因此被称为"范式"。）

以上两个案例都跟安全港湾的功能有关。你一定看出来了，鹏鹏妈妈的处理方式更好一些。

淘淘妈妈虽然没有限制孩子的自由探索（也就是说她的安全基地功能还不错），但她对孩子的情感需求非常不敏感。搭积木在父母眼中或许是一件很小的事情，而对于孩子来说，生活中每一个充满挑战的小事，都是他们形成自我认知的瞬间。这样的小事不断积累，就会让孩子形成一种认知："没有人会注意到我，我的需求不重要"，继而很容易就发展出自卑、不自信、低自尊的人格。

鹏鹏妈妈就敏锐地观察到了孩子的失望，并接纳了孩子的失望。这其实是个很有压力的情境，因为我们不光看重自己的面子，更看重客人的面子。如果孩子直接表达失望情绪多半会被认为是失礼的、不懂事的，甚至缺乏教养的，妈妈能够让孩子表达出自己的失望本身就是一件很不容易的事情，更棒的是，她关注到了引起孩子负面情绪的真实原因，并通过想办法解决那个问题从而彻底改善孩子的情绪。

一个照顾者可能这两种功能（安全基地与安全港湾）都很好，既鼓励孩子勇敢探索，又能及时接纳受挫的孩子并给予适当的安慰，或者两种功能都不好，再或者一种功能好，而另一种功能不那么好。

所以，关键不在于我们对孩子说了什么样的话，而是在这些话的背后，是否看到了孩子的需要。当孩子在主动寻求妈妈帮助时，内心独白是期待，同时害怕中又有那么一丝丝的勇敢。如果妈妈给出的回馈是肯定的，"好，妈妈马上过来"，然后放下手边的事，来到孩子面前，即不仅在语言上回应孩子，又能在行动上提供切实的帮助，那么孩子就会认为自己是被爱的，别人是可信的，之后就会尝试和其他人慢慢建立起积极的人际关系。

如果在孩子需要帮助的时候，我们选择了否定和拒绝，孩子的幻想破灭，他就会认为自己是不值得被爱的，原来父母不会帮助自己，那么其他人更不可能帮助自己了，久而久之，就会变得退缩、胆小。

如何成为孩子合格的安全港湾？

4 岁的西瓜正在玩积木叠叠乐，但他怎么都搭不稳，总是掉下来。他一连失败了三次，正当他不耐烦的时候，妈妈喊道："宝贝，快洗手过来吃饭了。"西瓜把手中的积木"啪"地摔了出去。妈妈有些不高兴："叫你吃饭你就摔东西，怎么着，伺候你还伺候出毛病来了！赶紧去洗手啊，小心一会儿我真生气了。"听完这些话，西瓜"哗啦"一下把积木都推倒在地，放声大哭起来。

想要成为一个合格的安全港湾，并不是要保证孩子永远快乐。孩子做不到也不可能做到永远快乐。他们会感到心烦意乱、挫败、苦恼、失望和悲伤，他们需要空间来表达情绪。而情绪，无论是积极正向的情绪还是消极负面的情绪，都是我们生命的一部分。美国哥伦比亚大学临床心理学博士、享誉美国的育儿网站"*Aha! Parenting*"的创始人劳拉·马卡姆（Laura Markham）博士曾将情绪做了一个特别形象的比喻，叫作"情绪小背包"。

她说孩子们的身后像是背着一个隐形的小背包，当孩子们有了不好消化的负面情绪，没能及时疏解时，就被放在了小背包里储存了下来。久而久之，当孩子的压力大到一定程度，孩子再也背不动时，就会用另一种方式爆发出来。

当你发现孩子无理取闹的时候，要意识到，孩子每一次发脾气，都不会是"无缘无故"的。

想要建立起安全依恋，成为孩子合格的安全港湾，妈妈需要做到"适度适时的回应"（marked-contingent responsiveness）。"适度"的意思是，妈妈是有回应的，但不会太强烈，这首先需要妈妈能够涵容她自己的情绪。西瓜妈妈一开始可能做不到共情西瓜，毕竟辛辛苦苦做好了饭，孩子非但叫不上桌还发脾气，这的确很容易让妈妈抓狂，这时她需要看到孩子情绪背后的挫败感，先把自己被激发的情绪按捺下去，然后观察一下孩子的需求。而"适时"则是指回应的时机刚好是孩子表达需求的时机。西瓜用摔东西、大哭表达自己受挫的心情，西瓜妈妈如果可以适时地回应，就知道哪怕这个时候该吃饭了，还是要先花一点时间回应孩子的情绪。此刻妈妈可以凑上前去了解孩子的困难，用言语和眼神鼓励他，帮他分析失败的原因，最好能拉着他的小手协助他搭起积木，让他获得一次成功的经验。

我们可以对孩子情绪的敏感度更高一些，包容度再高一些，在发现孩子情绪低落时主动地抱抱他，问问他有没有什么需要妈妈帮助的地方。再或者，我们教导并帮助孩子掌握更好的情绪表达方式，当遇到不开心的事情时，可以说出来，让自己及时得到有效的帮助。

不管怎么说，在试图帮助孩子调节感受之前，我们首先需要了解这些感受。至少，我们要允许孩子清理他们"小背包里"的情绪，允许他们害怕，允许他们哭，允许他们生气。当孩子认知和情绪管理能力较差的时候，就是他们需要通过哭闹来确认和释放自己负面情绪的时候，看到这一点，我们才有机会教导孩子随着经验和能力的增长，逐步用更加成熟的方式来表达自己的情绪。

总之，只有当我们的情绪回应可以降低孩子的痛苦感受，同时能够与孩子的需求保持同步时，我们才能够更好地成为孩子的安全港湾。

脚手架：给予关怀，提供支持

养育有安全依恋的孩子，很多时候需要我们主动出击，成为孩子成长路上的"脚手架"，让他们能够借着一点点支撑，战胜困难。这就需要父母自己是更智慧和更和善的人。

5 岁的琳琳站在沙坑边羡慕地看着 3 个小朋友在玩沙子，他们带了各种花花绿绿的工具，小铲子、小桶……琳琳在旁边站了好几分钟，并没有哪个小朋友注意到她。

"琳琳，你是想和小朋友们一起玩吗？"妈妈注意到了，询问她。"不想！"琳琳躲到了妈妈身后，面无表情地说。但她还是探出头来，出神地看着大家。妈妈接着说："宝贝，你是不是不好意思打招呼？你试着跟他们说'我能跟你们一起玩吗？'他们肯定不会拒绝你的。"妈妈鼓励了琳琳好久，她才鼓起勇气，走上前用很小的声音说："我能和你们一起玩吗？"有个小朋友抬头看了看她，没有说话，继续玩自己的。

琳琳鼓起勇气小声交流

琳琳扑回妈妈怀里，很生气地抱怨："还不如在家呢，出门也没什么好玩的！"妈妈抱住琳琳说："宝贝，小朋友们没有回应，你是不是有些不高兴了？"琳琳的眼眶红了，妈妈说："可能是你刚才的声音太小了，你还想再试一次吗？"琳琳生气地说："不想了，我再也不想跟他们玩了。"

琳琳没有加入游戏，眼眶红了

　　妈妈仔细看了看琳琳，知道她是在说气话。妈妈牵着琳琳的手走到小朋友跟前："小朋友们，沙子加上水更好玩，那样就可以做大城堡了。"说着妈妈拿出一瓶水，倒了一些，小朋友们都欢呼了起来。接着，妈妈把水瓶交给了琳琳："这个小朋友有水，你们一起玩吧。"琳琳的小脸兴奋地涨红了，随后开心地与小朋友玩了起来。

琳琳拿起水瓶和小朋友一起玩

当琳琳感到不被接纳而沮丧的时候，妈妈耐心地帮她分析了原因，并且给她建议，体现了妈妈更和善的一面。当孩子没有办法融入小朋友的游戏时，妈妈巧妙地帮她寻找资源，则体现了妈妈更智慧的一面。妈妈仔细地读懂了孩子的信号，并且将信号翻译得相当准确。对于这个过程，曾经担任过英国精神分析学会会长的比昂（Bion）做过一个精妙的比喻："照顾者加工那些孩子没有'消化代谢'的

'原始食物'，将它们变为孩子可以'消化'的形态再返还给孩子，这样孩子就能逐步培养起自己对紧张情绪的承受能力，同时慢慢学会自己处理这种状态，更好地构建自己的主观世界与外部世界的关系。"也就是说，孩子以天然原始的方式表达自己的内心状态（怯懦、发脾气、抱怨），成年人接纳孩子的"负面状态"，并将其调整为有序的状态后返还给孩子，就像是把一堆颜色混乱的豆子做了分类，再交还给孩子。

养育安全依恋的孩子有时候像拆盲盒

虽然，我们刚才用了很大的篇幅，描述了如何才能成为一个有利于孩子建立"安全型依恋"的照顾者，但如果你认为按照上面的标准依葫芦画瓢就一定能够培养出一个理想中的"安全型依恋孩子"，那你很可能会碰钉子。因为，孩子各不相同，这一点就决定了每一位想把孩子带到安全彼岸的父母要走的路可能都不一样，因为没有唯一正确的路径。就像在一片迷雾笼罩的森林里，所有与养育相关的科学都只能给你指个大方向，"喏，往那边走就能走出去"，但到底要怎么穿越、选哪条路，就需要父母自己摸索了。对有些父母来说，所选的路可能是轻松的林间小路，而对于另外一些父母来说，所选的路可能充满荆棘，所以大家经历的过程和体验会有很大的差别。可以说，生孩子就像是拆盲盒，当盒子拆开的那一刻，父母的个性化养育路径也就开始了。

一般来说，孩子的个性特点和回应方式会影响父母帮助孩子建立安全依恋的难度和路径，我们稍微花一点篇幅来详细讲讲。

儿童气质类型与安全依恋的形成

孩子本身的个性，或者更准确地说，他们的气质类型也会对他们形成怎样的依恋风格有影响。也就是不同个性的孩子，可能激发父母不同的养育行为。哪怕是刚出生的小婴儿，也会用他特有的方式影响着父母。20 世纪，纽约纵向研究协会就对 133 名婴儿展开了一项长达 20 年的纵向研究。基于访谈和观察的经验，他们设计出了一整套测试气质类型的问卷，把孩子的气质通过 9 大维度呈现出来，以此来展现孩子们的个性为什么是千差万别的。

这 9 个维度分别是：活动水平、节律性、趋避性、适应性、反应强度、反应阈、心境质量、注意力分散度以及注意广度和坚持性。这些名词看上去怪怪的，但实际它们所包含的行为都是父母非常熟悉的、孩子在日常生活中的表现。下面用一个表格来为大家展示这9个维度。

表1　儿童气质的9个维度

儿童气质维度	详细解释
活动水平	是否好动。一个抱在怀里使劲挣扎、常让人担心他会不会挣脱掉下去的婴儿，长大一点就开始在家里上蹿下跳的孩子，就是活动水平较高的孩子
节律性	天然作息是否规律。如果一个孩子每天入睡、苏醒的时间很规律，如每天9点半就睡了，第二天7点醒来，则说明孩子节律性较好，否则说明他的节律性比较差
趋避性	是否容易亲近陌生环境或陌生人。如果孩子不愿意玩新玩具，见到陌生人就紧张焦虑，第一次去新的地方会大哭或者退缩，他很有可能是趋避性中靠近"避"那个维度的孩子
适应性	是否愿意尝试新事物。适应性低的孩子如果不喜欢吃胡萝卜的话，不管用什么方式，哪怕剁碎了掺在蛋羹里他都不肯吃。这类孩子还可能完全不配合理发和剪指甲，父母只能趁他们睡着了悄悄进行
反应强度	情绪和行为表现是否强烈。有的孩子看到好朋友来串门会兴奋地尖声大叫，在烈日下走出房门会马上闭上眼睛，大喊"太阳"，而反应强度低的孩子遇到同样的情况不会做出这么激动的反应

儿童气质维度	详细解释
反应阈	需要多少刺激才会引起孩子反应。如果一个孩子受不了刚被尿湿的尿布，在公园玩的时候总是被鸟的叫声吸引，那么他可能是一个反应阈低的孩子
心境质量	孩子一天中大部分时间是开心的还是不开心的
注意力分散度	注意力是否很容易被分散。孩子是否很容易被别的事情分散注意力。有的孩子摔倒大哭时，你只要喊："看！飞机！"他就会停止哭泣并顺着你的手指望去，这样的孩子就是容易分散注意力的孩子
注意广度和坚持性	能够同时关注多少种事物或事情，以及注意力持久的时间。注意广度和坚持性不好的孩子刚玩一会儿小汽车可能又去玩积木，同时他又很容易因为哥哥走进房间而中断

我们在工作中经常发现因为孩子的气质和父母的气质有着强烈的反差，从而导致安全依恋受损的情况。比如一个朋友总是抱怨他的女儿"上不得台面"，他是一个社交型的爸爸，但害羞慢热的女儿总是在"关键时刻掉链子"，让他充满了失望和不耐烦。实际上，孩子害羞慢热有问题吗？这种个性本身并没有什么问题，她最终一定会形成一套她自己看待世界的眼光和应对的方式，但爸爸的评价让她充满了困惑。

另外，纽约纵向研究协会的这项研究还发现了一类令父母比较头疼的孩子。他们节律性差，心境质量消极，适应性差且反应强度大，被称为"难养型儿童"。

"难养型儿童"在养育之初就会给父母的养育行为带来极大的挑战。他们可能半夜哭闹着不睡觉，怎么都安抚不了，让父母心力交瘁。在成长的过程中，他们会出现各种各样的问题，比如对吃的东西和用的东西极度挑剔；经常表现出暴躁和失落的情绪；第一次去幼儿园的时候，可能会哭得声嘶力竭……

这些行为很可能被父母误解为孩子不乖、矫情、故意找茬儿，从而对孩子失去耐心，对他们进行打骂甚至体罚。有很多父母因为第一胎养育了困难型的孩子，从而彻底打消了再生一个孩子的念头。从这个角度讲，孩子"成功"地影响了父母的养育。

如果父母能够了解并尊重自己孩子的气质类型，孩子就更容易被理解和满足，从而更容易形成安全型的依恋。

儿童对养育者的回应方式与安全依恋的形成

婴儿对养育行为的影响除了先天的气质类型，还有他的回应方式。大部分孩子在感觉到愉悦的时候会给照顾者一个信号，让照顾者知道他的愉悦点在哪里。这和依恋的神经生物学基础有关，比如多巴胺、皮质醇、内啡肽等。

很多父母都曾说过这样的话，"每天回家，看到孩子绽放的笑脸，觉得一切付出都是值得的"。正是这绽放的笑脸，给父母带来了大量的多巴胺，而多巴胺这种快乐激素就是婴儿给父母的"奖章"。

令人遗憾的是，有些婴儿没有办法通过这种方式去呈现这样的状态，比如说早产儿或者患有自闭症的孩子，还有一些"难养型"孩子，很容易让他们的妈妈陷入抑郁的状态，因为她们没办法得到应得的奖励。这些妈妈其实需要得到爱人、家人和社会更多的肯定和支持。

还有一些妈妈被孩子的表现唤起了她们自身的创伤，让她们觉得自己做母亲非常失败、非常糟糕。相较于指责这些妈妈做得不够，周围的人更应该要做的是，确保她们拥有足够的社交支持，多帮她们分担育儿的责任，帮助她们修复自身的创伤，支持她们持续去照顾孩子。

如何面对"盲盒"中不同的孩子？

看到这里，也许很多父母会产生一种畏难情绪。先别害怕，要知道万变不离其宗，现象虽然很多，但解决问题的原则和方法，可能只有那么几种。接下来，我们就给各位迷茫中的家长，提供几个解决技巧。

◎ 元情绪理念：你对情绪的看法决定你带娃时的情绪

当孩子肆无忌惮地冲父母发泄他的消极情绪时，父母自己会产生怎样的情绪体验？又会用什么样的方式来表达自己的情绪呢？

很多父母不知道，自己对情绪的看法会影响到自己的情绪。举个例子，如果你认为孩子——特别是男孩子，不该遇到点事就哭，哭就是懦弱、无能的表现，那么你听到儿子哭时一定很想立刻制止他。如果儿子还哭个没完，那么你很可能会特别愤怒。因为在你对情绪的认知当中，有一个叫作"男儿有泪不轻弹"的预期。凡是儿子不符合这条预期的行为都会导致你愤怒！但如果你对情绪的预期是：爱不爱哭与性别无关，和年龄与个性有关；孩子哭代表他遇到了麻烦，需要父母的协助；孩子有情绪可以哭，哭完再解决问题……那么你对孩子哭声的忍受力会大大提升。所以，父母能不能平静带娃，背后是由认知水平来支撑的，这也就是为什么需要学习科学育儿的原因。

心理学把父母本身对情绪的看法叫作元情绪理念。这个领域最权威的研究人戈特曼（Gottman）发现有两种不同元情绪的父母，在育儿过程中，他们会做出两种截然不同的表现，分别是**情绪教导型**（emotion coaching）和**情绪摒除型**（emotion dismissing）。

　　情绪教导型父母的核心理念是：无论什么样的情绪对孩子都是有价值的，自己可以接纳孩子所有的情绪，包括负面情绪。所以，他们对自己和孩子的细微情绪有很好的觉察能力，能够接纳孩子的各种情绪反应，教会孩子如何表达自己的情绪以及如何处理这些情绪。例如当孩子因为搭积木

所有情绪都有价值！

情绪教导型父母

总是倒而大发脾气时，情绪教导型的父母会知道，孩子因为受挫而不开心的情绪是需要被接纳的，但孩子用大发脾气来表达自己情绪的行为是需要被教导的。所以他们会搂着孩子说："因为搭积木总是搭不好，所以你觉得很难过、很生气对不对？你可以先休息一下，喝口水，然后我们一起来看看怎么搭，积木才不容易倒。我们把这个大块的放在最下面试试？"

与之相对，情绪摒除型父母的核心理念是：人最好保留积极情绪，消灭负面情绪，负面情绪是无能与失控的表现。他们对孩子的负面情绪是拒绝、敏感和挑剔的，因而努力压

情绪摒除型父母

制孩子表达负面情绪。例如他们会冲孩子吼："积木倒了就倒了，有什么可哭的？快点，不准哭了！"

此外，戈特曼和他的小伙伴又一起提出了第三种元情绪理念——**情绪失控型**（emotion dysfunction）。这类父母可以理解为是情绪摒除型父母的加强版，他们不仅无力指导孩子疏解消极情绪，还常常因为对消极情绪太敏感而引发自己的神经质反应，甚至造成失控行为。也就是说，他们试图用自己的负面情绪，去消除孩子的负面情绪。比如："叫你别哭了你听到没有？你还敢哭？看我打不死你……"不幸的是，

情绪失控型父母

这类父母真的会因为情绪失控而给家庭带来灾难。

在戈特曼的研究基础上，中国台湾地区学者叶光辉教授发现对于中国父母而言，还存在一种独有的**情绪不干涉类型**（emotion noninvolvement），即父母对孩子的情绪反应表现出漠不关心和任其自然的态度，我们也可以把它看作是第四种元情绪理念类型。这类父母总认为顺其自然是教导孩子处理情绪的最佳方式。他们不在乎孩子为何会产生消极情绪，也不想帮助孩子解决情绪困扰。"哎，你家孩子在哭呢！""哦，没事，过一会他自己就好了。"

情绪不干涉型父母

那么，父母的元情绪理念与孩子形成何种依恋风格有什么样的关系呢？

在四种元情绪理念中，除了秉持情绪教导型理念的照顾者外，其他三种，无论是对孩子的痛苦情绪漠不关心的不干涉型照顾者，还是要求孩子赶快停下来的情绪摒除型照顾者，再或者是因为孩子的哭闹激发了自己神经质反应的失控型照顾者，其实都无法很好地安抚孩子，满足孩子的需求。同样，孩子在情感上没有办法认同父母是可以依赖的、可靠的；在行为上也无法亲近父母；在认知上更不认为父母是可以提供帮助的；在精神层面从来都不觉得自己有安全的抱持环境，从而没有办法与照顾者形成安全型的依恋。

当然，要想给孩子充分的情感支持，不仅仅指在孩子表达恐惧、愤怒这些消极情绪的时候给予他们足够的关注和支持，当孩子分享他们的成就和喜悦时，也请保持和孩子的目光接触，对他们的积极情绪给予反应。情感支持有时候就是这么简单，孩子需要你的时候，你在他身边，愿意倾听，给予理解，这就够了。

◎ 照顾新生儿，请以孩子的需求为中心

初为父母一定会经历一段日夜颠倒、疲惫不堪的日子，

但请相信，这样的辛苦终会过去。因为亲力亲为、耐心呵护而给孩子带来的早期的滋养会给你们未来的亲子关系奠定良好的基础，避免日后很多的麻烦。简而言之，辛苦一阵子或许会幸福一辈子。

孩子在刚刚出生的头两个月，心理特征是"上帝心态"。这时他还不能够理解爸爸妈妈或者其他照顾者是作为他以外的另一个"人"而存在的，他还没有习得"人"和"妈妈"这些抽象的概念。这时照顾者对他而言也不过是外部环境的一部分，是一个可利用的环境。

这种说法可能会伤害自恋的父母，但事实就是这样。这个时期婴儿的意识中只有自己，他就是上帝。当他感觉自己需要吃东西时就有一个乳房出现了，这个乳房塞满了他的嘴巴，让他可以吮吸到甘甜的乳汁，抚慰他那因饥饿而痉挛的胃。在婴儿的眼里，这个乳房是被自己的需要召唤而来的：我需要，所以它来了，当我不需要了，它就撤走了。

满足新生儿的方法是以他们的需求为中心，给予他们及时的、恰当的照顾。第一层次的要求是对他们提供的线索做出反应，即察觉孩子发出的信号并用语言回应；第二层次的要求是做出恰当的反应，即准确识别他们是饿了、累了，还是有什么其他需求。

有一些养育者不是根据孩子的需求，而是根据自身的情绪或者判断来决定如何照顾新生儿。比如孩子明明拉粑粑了，大声哭叫想要换尿不湿，父母却以为他饿了，手忙脚乱地冲奶粉；再或者孩子已经饿得哇哇大哭，但父母一查喂奶记录表，距离上次喝奶只过去了两个小时，还未到四小时一喂的标准，得让他再坚持一下，学会"延迟满足"；又或者孩子哭着要抱抱，可是父母认为孩子一哭就去抱不能让他养成好习惯，反而惯坏了他，坚持不抱。

面对这样的照顾者，孩子会通过拼命哭喊或者使劲纠缠来争取支持和抚慰，当他感到努力无望，就可能会愤怒或者放弃。因此，在养育初期，请以孩子的需求为中心，这对孩子形成安全依恋十分重要。

◎ 分离前让孩子有预期，重聚后跟孩子建立联结

之前总有妈妈担心地问我："听说孩子小时候尽量不要跟他分离，否则很容易让孩子产生不安全感。但是我的产假快要结束了，我到底应不应该回去上班呢？"其实要形成安全型的依恋，并不是不能跟孩子有片刻的分离，而是在分离

之前，要有意识地给孩子做心理建设；重聚之后，要有意识地跟孩子建立联结。

举个例子，巧虎有一个小短片叫《妈妈去上班》，里面有一句"月亮出来了，妈妈就回来了"，说得非常巧妙，它包含了几个意思：一是在分离之前要给孩子做心理建设，明确告诉孩子自己为什么要离开，以及承诺一定会回来，这样妈妈的离开就不是突然的。当孩子不是全然无知时，他就拥有了掌控感。二是用孩子可以理解的方式让他能够预期妈妈回来的时间。小孩子还不明白晚上七八点钟是什么意思，但是他能大概知道月亮什么时候出来。第三就是妈妈最好能在承诺的时间点回来，让孩子建立起可靠的经验，月亮出来了，妈妈确实也回来了。

当妈妈下班回来之后，要有意识地花点时间跟孩子聊聊，不要急着去做饭或者忙其他事情。跟学龄前的孩子大可以亲密地腻一阵子，要知道还可以和孩子亲亲抱抱举高高的时光，转瞬即逝并永不再来。跟长大了的孩子其实也要花时间做些有意义的闲谈，比如今天各自发生了什么有趣的事情，有没有什么需要我们协助的事。还可以与更大一些的孩子对当下发生的社会热点彼此交换下意见。无论如何，跟孩子重新建立联结，绝不是简单地问一句："作业写完了吗""今天考了多少分"就能够做到的。

在这里要强调一点，千万不要在你的孩子不知道的情况下偷偷溜出家门，这一点我（董一诺）自己是有过教训的。在我的小女儿贝儿两岁多的一天，我给大女儿和她的好朋友预约了一堂英语试听课。时间快到了，贝儿还睡得很熟，当时我就想，干脆先不叫醒她，我把大女儿送去她朋友家上课。往返最多十分钟，小女儿一定不会醒的。

可是当我返回的时候，发现门口放着一个快递，我心里一惊，果然隔着门就听到贝儿在号啕大哭。我赶紧打开门进去，发现她躺在床上哭得上气不接下气，满脸都是泪，安抚了很久她才平静下来。原来不期而至的快递员的敲门声吵醒了她，她发现妈妈不在身边，大声呼喊也没有人应答，巨大的恐惧袭击了她。别小看这件事，之后有一段时间，贝儿变得异常黏人，不准我离开。还有几次我们睡觉前的"卧谈会"，她都提到她做了一个可怕的梦，梦到妈妈不见了。我花了很长的时间才重新建立起了她的安全感。

◎ 做得不好时，要真诚地向孩子道歉

准确地说，这一条是美国著名心理学家爱丽丝·博伊斯（Alice Boyes）对父母的忠告。建立信任和安全型依恋关系

并不意味着父母永远都不犯错，而是犯错后要设法修复信任。信任，就像美丽的水晶，一旦打破很难重建，而真诚的道歉就是强力黏合剂。当然，父母最好也不要经常犯错，否则这招就会越来越不好使。

◎ 了解并接受孩子已经形成的依恋风格

如果你的孩子已经超过两岁，形成了某种依恋风格，此时你需要做的是了解他的依恋类型并接受他的行为。

例如，在安斯沃斯的陌生人情境测验中表现为回避型依恋的婴儿，表面上对父母的离开毫不在意，这可能会让一些父母感到伤心。但监测数据却表明他们并不像表现出来的那么淡定，这些婴儿的心率和压力水平（体内皮质醇等压力荷尔蒙的指数）都在妈妈离开后有显著升高。如果你的孩子属于这种情况，请意识到孩子也很介意跟你分离，他们的痛苦只是没有表现出来而非不存在。而那些属于焦虑型依恋的孩子，往往对父母的斥责特别敏感，不愿也不敢向父母表达自己的需求。如果是这样，父母要适当地增加家庭的容错率，让孩子知道在需要时向父母寻求帮助是安全的。

养育安全型依恋的孩子，不是要求你做"完美妈妈"

以上提到了很多养育安全型依恋孩子的要点，我们很担心这些要求会给父母带来新的压力。毕竟，做父母已经太不容易了，太多贩卖焦虑的课程或文章都在说，"如果父母错过了……孩子就永远不会……"。似乎孩子未来出现了任何问题，回溯起来都是父母的问题。如果父母没有及时对孩子的所有状况做出恰当的反应，孩子就无法形成安全型的依恋，未来出任何问题都怪父母。

事实上，没有人能做到永远及时正确地回应孩子，即便是那些跟孩子形成了安全型依恋的父母也是如此。我们只需要让孩子明白，虽然"照顾者有时候会把事情搞砸，但大多数情况下，他们还是可靠的"就可以了。只要照顾者足够可靠，安全的依恋关系就会出现，这会让孩子感到安全和舒适，而且会让孩子知道当他需要时总有人可以求助。可靠，并不是说父母在每一次都要做出完美的回应，而是让孩子相信他可以得到回应并且这种回应可预期。有时候他们可能哭得时间长了一点，父母的反馈慢了一些，这都是正常的。

建立安全依恋的 Q&A

如果你还对此存有疑虑，那么下面一些培养安全型依恋的 Q&A 也许能为你答疑解惑。

Q：跟孩子同步意味着需要永远共情孩子的感受吗？是不能够与他发生冲突吗？任何形式的分离或者情绪上的痛苦都会对孩子造成不利影响吗？

A：好消息是，并不是这样。下面介绍的这个"三分之一原则"或许会让你松一口气。

一项 2010 年的研究表明，当妈妈无法跟孩子保持同步或者太频繁地同步，安全的依恋都会受到损害。妈妈只需要在一个周期内与孩子同步就好，这个微妙的周期是三分之一。

这意味着有安全依恋关系的母婴双方只有三分之一的时间是协调同步的，还有三分之一的时间是不协调、不同步的，剩下三分之一的时间会处于努力回到协调的状态。作为父母，你不需要也无法一直跟婴儿保持协调同步的状态。

也许你可以理解，总是无法跟孩子保持同步会让孩子很挫败，从而使依恋关系受损，但你或许会很困惑，为什么跟孩子保持频繁的同步也会让孩子依恋受损呢？

让我们用一个案例来说明。

6岁的形形在妈妈的陪伴下去抽血化验。形形很怕打针，她表现得非常焦虑。终于轮到形形了，她哇的一声大哭起来，挣扎着要往外跑。妈妈抱着形形想要劝慰她，但形形还是大哭不止，喊着要离开。

这时，有位护士跟形形妈妈说："交给我们吧，很快就好了。"令人吃惊的是，这位看上去跟孩子一样痛苦的形形妈妈，居然抱着形形离开了。

可能有人会觉得形形妈妈太软弱、太容易妥协了，这样只会惯坏孩子。但事实是，她只是和孩子太同步了，她深刻共情到了孩子的恐惧和痛苦，而这同样也是她自己的恐惧和痛苦，因此她根本无法忍受这样的情境。如果换形形爸爸带形形来就不一样了，爸爸在打针这件事情上跟孩子不同步，也就不会出现这样的情景了。

Q：安全依恋的目标是保护孩子免受痛苦吗？

A：不是。正如情绪调节的目标并不是让你从此不会再感到痛苦和悲伤，而是让你能够在该痛苦的时候痛苦，该悲伤的时候悲伤。建立安全型依恋并非保护孩子免受所有的痛苦，而是让他们更有勇气面对痛苦。

因此，一些正常的、安全的分离是必要的，例如爸爸妈妈去上班或者与孩子分床睡觉，这些小小的痛苦和分离就像是预防针，让孩子拥有了一种情绪免疫力。当他们通过这些小小的分离发现，原来跟父母的分离是可以忍受的，到了约定的时间父母就会回来，他们就会建立起一种可预见的安全感，这也有助于他们建立起情绪复原力。

Q：两岁之前对于婴儿形成安全型依恋非常重要，那么我们是否在两岁之内做到位了就可以高枕无忧了？

A：要知道孩子的大脑是可塑的，当谈到孩子的发展时，我们谈论的是一个动态的、发展的人。依恋类型不会在孩子2岁时简单地定型永不变化。有些照顾者很适合跟小婴儿互动，却对逐渐长大的孩子束手无策。也可能某种突如其来的变故会压垮一对具有安全依恋的父母，使得他们不能再提供曾经可以提供的可靠的情绪回应。所以安全依恋关系并非只是生命头两年的事，它是一种贯穿一生的关系。

Q：孩子只能跟妈妈形成安全型依恋吗？

A：正如我们在第一章中提到的，依恋最初的研究都是针对母婴之间的互动，结果使很多人误解孩子只能跟妈妈形成安全型的依恋。这种过分强调母亲的重要性给妈妈们带来了前所未有的苛责和压力。事实上，婴儿可以与他的任何稳定的主要照顾者形成依恋关系。更幸运的是，孩子们往往只需要一个安全的依恋对象，如果孩子跟妈妈是不安全型的依恋，爸爸也可以替代妈妈成为孩子的安全依恋对象。

第 5 章
如何修复孩子的依恋关系？

读了前几章的内容，有些人可能会有这样的感受：后悔、焦虑和疑惑。后悔是因为在孩子小时候没有了解"依恋"这回事，不知道错误的养育方式会对孩子产生这么大的影响；焦虑在于之前确实有一些地方做得不够好，可能已经让孩子形成了不安全的依恋模式；疑惑就是想知道这种创伤是否可以修复，已形成的不安全的依恋模式还有可能调整吗？

好消息是，不安全依恋模式带来的创伤确实是可以修复的。不过，在了解如何修复之前，我们可以花点时间来解读一下"修复"这个词。你之所以捧起这本书，读到这个部分，毋庸置疑是一个爱学习、愿意在养育上花心思的家长。当我们说到"修复"时，并非暗示你之前的养育工作做得不够好，所以请不必总是心怀负疚感。请把"修复"这个词当成育儿过程中的一个常规操作，就像是房间总会越来越脏乱，我们要定期做大扫除一样。事实上，再健康的关系也会存在冲突。

对于亲子关系而言，健康的关系还包括管教、立规矩、树边界，通常做这些事情的时候氛围都不会特别轻松和愉悦。父母肯定也不可能总陪在孩子身边，对他们的需求一贯敏感并及时做出回应。相反，父母因为总有很多要忙的事情，常常会对孩子的需求延迟回应或压根没有回应，也可能对孩子的需求做出了完全错误的解读，这些情况大概在我们育儿的过程中每天都会出现很多次。

所以，我们的目标不是成为完美的家长，而是成为"足够好"（good enough）的家长——可能经常犯错，但总体来说，还是一个能帮孩子建立安全型依恋的养育者。"足够好"是客体心理学代表人物温尼科特在《父母—婴儿关系的理论》中提到的一个词，他想要表达的是，随着时间的推移，婴儿逐渐长大，一个"足够好的母亲"应该逐渐减少对孩子的关注，婴儿将会根据自己逐渐增长的能力来应付失败和挫折。我们只需要经常、正确地满足孩子的需要，在分离、误解、延迟回应或者没有给予回应之后有意识地去修复关系，允许孩子自由地表达他的需要，让他们相信自己的需要是正常的、可以被接受的。这样，孩子渐渐就会明白，尽管有分离和分歧，但他们和父母的关系并不会改变，那个"好的"父母总会回来。这样的孩子不仅能建立起安全依恋，也能建立起强大的自我悦纳能力及对他人的接纳能力。所以，"修复"行为并不是糟糕父母的专属动作，而是所有养育者的常规操作。

针对"修复"这个话题，我们在第 5 章和第 6 章分别分享了如何修复孩子的依恋关系和如何修复成人自己的依恋关系。按照我们通常的理解，"修复"就像去医院看病一样，孩子生病就医治孩子，大人生病就医治大人，既然是修复孩子的依恋关系，那么对象就是孩子。其实不然，孩子是通过我们对待他的方式来了解自己的。正如西方有句谚语描述的那样，苹果掉下来时通常不会落在离苹果树很远的地方。所以一个略显曲折但却显而易见的问题是，**如果我们想要修复孩子的依恋关系，真正的入手点，还是父母。**

别担心，"种一棵树，最好的时间是十年前，其次便是现在"。虽然有点困难，但只要意识到并迈出修复的步伐，道阻且长，行则将至。

让我们从最简单的部分开始吧。

建立 PACE 的态度

修复孩子的依恋关系，从什么地方入手呢？其实，依恋关系受损的亲子关系往往存在一种负面的"链式反应"，父母和孩子是相互影响的。每一个环节都体现了我们日常沟通中的习惯，包括了习惯性思维和习惯性动作。我们将用一个案例来让大家看看自己家里是不是也有类似的情况。

一天晚上，已经到了米粒该上床睡觉的时间。米粒希望妈妈多讲一个故事再睡觉，妈妈没太犹豫就答应了下来，但讲完一个故事后，米粒还是不肯睡。她听到姐姐在客厅问新买的牛奶放在哪里了，马上从床上跳下来，跑出去说自己也要喝牛奶。想要喝牛奶似乎也不是什么太过分的要求，妈妈又一次默许了。姐妹俩开始叽叽嘎嘎地聊起了天，紧接着米粒不小心把牛奶杯碰倒了，姐姐大喊道："不得了了，妹妹把牛奶洒了一地。"

这时，一直坐在沙发上刷手机的爸爸突然间发飙了："都几点了，怎么还没睡觉！明天还上不上学了？你们俩现在赶紧上床！"米粒哇的一声大哭起来，姐姐又委屈又愤怒地说："关我什么事，又没到我睡觉的时间呢！"爸爸听到姐姐的话更生气了，他放下手机，盯着姐姐说："不管到没到点，赶紧去睡觉！"姐姐愤怒地冲进自己的房间，啪的一声关上了门。

很多家庭可能对案例中的场景都很熟悉，请各位读者思考一下，上面案例中的亲子冲突最主要的责任人是谁呢？建议正在阅读本书的你可以先放下书，给自己两分钟来思考一下这个问题。

我们来看看米粒家的这个状况，在爸爸突然发飙之前，家庭氛围看上去还是和谐轻松的，但是否就可以断定是爸爸的简单粗暴破坏了这一切呢？似乎也不能这样轻易地下结论。至少我们可以看到，是妈妈无原则的退让，让米粒到了该睡觉的时间却迟迟没有上床。爸爸的突然发飙，或许是因为米粒不睡觉还吵闹，也或许是对妈妈的不满。爸爸有情绪可以理解，但他用突然发飙这种方式来表达情绪并不可取，因为这会严重破坏家庭氛围，所以这次家庭冲突的主要责任人应该是妈妈和爸爸。可以说，大部分破坏亲子关系的冲突，主要责任人都是养育者而不是孩子。

那怎么样才能保证案例中的情形不再发生呢？美国临床心理学家、双向发展心理治疗研究所（DDPI）主席丹尼尔·A. 休斯（Daniel A.Hughes）就倡导了一种名为PACE的修复模式，受到了学界和家长们的广泛认可。这种模式通过改变家长的认知和态度来改变家庭氛围，从而达到修复关系的目的。那么什么是 PACE 的态度呢？

它们分别是：Playfulness 游戏心态、Acceptance 接纳、Curiosity 好奇心、Empathy 同理心。

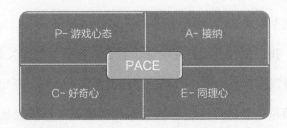

修复依恋关系的 PACE 态度

丹尼尔·A. 休斯在《爱与教养的双人舞》一书中写道：

"在这样的家庭里，个人不为家庭牺牲自己的利益，家庭也不为个人牺牲家庭整体利益，所有人——父母和子女的权利都是同等重要的，都受到尊重。父母的权威并不意味着父母的内心世界比孩子的内心世界更重要，每个人都可以将自己的思想与情感、希望与梦想、记忆与意愿、价值观和信念与家人分享，并对家庭的发展产生影响。"

PACE 是一种态度，更是一种信念，是"家人之间彼此珍视，促进每个人的发展，而非以某个人的牺牲为前提促进另一个人的发展"的信念。

我们用 PACE 的态度再来看看米粒家发生的这一切。

游戏心态（P）

姐姐大喊道："不得了了，妹妹把牛奶洒了一地。"

"哦，我想牛奶也可能想睡觉了，都躺平了。"爸爸放下手机，幽默地说。姐妹俩都大笑了起来。

妈妈适时递上了纸巾："米粒，帮牛奶盖上被子吧，收拾完，你也去睡觉好吗？"

当孩子们还小的时候，我们鼓励家长多跟孩子做游戏，例如躲猫猫、捉迷藏、找东西和"我要抓住你了"，这些游戏都会让孩子兴奋和大笑，也会给彼此带来很多益处。孩子在游戏中学会了如何调节自己的情绪，理解了规则的意义，收获了很多意想不到的快乐。更最重要的是，他们和父母一起拥有了很多珍贵的共同回忆，而这些共同回忆还是以快乐、有趣、幸福为基调的。

随着孩子渐渐长大，也许他们并不需要父母再陪着一起玩躲猫猫了，但"游戏"仍在继续，只是更多变成了一种态度，对我们和孩子要做的事情保持轻松和开放的态度。"当父母和孩子大笑的时候，他们都会感到安全和被接纳。欢笑把这种无条件接受对方的经验保留在记忆中，这种接纳是解决分歧或问题的基础。"

很多父母在育儿过程中总是太过严肃、功利、缺乏幽默感，这使得家庭氛围过度紧张，大家都只能小心翼翼地相处。当然，父母自己小时候可能也没有被"游戏化"对待过，以至于他们无法把"游戏化"带入当前的育儿生活中，但游戏心态是可以通过训练形成的。

接纳（A）

接着再来看米粒家的案例。

爸爸听到姐姐的话更生气了，他放下手机，盯着姐姐说："不管到没到点，赶紧去睡觉！"姐姐愤怒地冲进自己的房间，啪的一声关上了门。

妈妈哄好了米粒后走进屋，姐姐正胡乱地推开床上的东西发泄着情绪。妈妈静静地陪她收拾了一会，姐姐觉得好些了，跟妈妈说："爸爸太不讲道理了！太不公平了！"

妈妈抱着姐姐说："宝贝，你觉得很不公平，所以你很生气，对吧？"

"当然了，明明是妹妹的错，什么都牵扯上我。"

"你希望爸爸客观点，只让妹妹赶紧去睡觉，而你还可以继续你的安排，直到你该睡觉的时间？"

"是的。我还希望他不要突然大吼。"

"嗯，宝贝，你希望爸爸下次说妹妹的时候不要伤及无辜，并且你还希望他不要突然大吼。"

"是的。"

"好的，这些我会跟爸爸沟通的。不过我也有个要求，我知道你很生气，但我希望你下次不要用摔门这种方式来表达你的生气。你可以试着把你刚才跟我说的感受直接告诉爸爸。"

"好吧，我试试看。"

接纳孩子的说法并不新鲜，但很多父母在操作的时候总会走样。当孩子对你说"你好烦啊"的时候，接纳他就是一个挑战，因为在很多父母的心目中，这已经触及到了"孝"的底线。还有一些父母认为不能给孩子好脸色，那会让孩子"蹬鼻子上脸"，无法维持家长的权威。另一个极端就是过于"接纳孩子"，什么都是对对对、好好好，毫无底线和原则。

孩子的安全感在很大程度上来源于他们确定父母是可靠的，是能够掌控局面的。有趣的是，他们常常通过打破规则取得控制权，以试探家长能不能够搞得定。按照《依恋创伤的预防与修复——安全感圆环干预》一书的作者之一伯特·鲍威尔（Bert Powell）的说法就是，"如果家长没有办法让3岁的孩子上床睡觉，那这个家长就不够强大。这个家长当然也就不会提供很多保护来对付那些在晚上作怪的东西"。

当接纳变成理所当然，而且能够被孩子所感知到的时候，接纳就成为一个安全的基础。有了这个基础，孩子更容易从错误中学习。由于他的行为并没有损害他的自我价值感，也没有威胁到他与父母之间的关系，所以他可以自由地去探究他的错误。在这个基础之上，我们仍要进行约束和管教：我们接纳的是孩子，而不是他们的行为；我们接纳的是情绪，而不是他们表达情绪的方式。

米粒（包括你的孩子）可能会通过一些小事（例如可不可以多读一个故事）来挑战规则。如果妈妈多讲了一个故事，米粒便比较配合地上床睡觉了，那么她就不是在挑战规则。遗憾的是，从米粒后面的表现来看，问题的根源的确不在于她是否多听了个故事，妈妈的让步意味着妈妈不能掌控局面，她也不够强大。这次妥协对建立安全依恋不利，而不是像普通家长以为的是在保护依恋关系。

能够建立安全依恋的父母的标准是"更高大、更强壮、更智慧、更和善"。米粒妈妈在孩子提出破坏规则的要求时，可以表示理解并接纳孩子想听故事的愿望，但要和善或幽默地、坚定地拒绝这个打破规则的要求。至少，应当在她听完故事不依照约定又要跑出去喝奶时制止她。当然，讨论替代方案有时候是一种智慧的表现，需要父母开动脑筋。

好奇心（C）

继续看米粒家的案例。

妈妈哄好了米粒后走进屋，姐姐正胡乱地推开床上的东西发泄着情绪。妈妈静静地陪她收拾了一会儿，姐姐觉得好些了，跟妈妈说："爸爸太不讲道理了！太不公平了！"

妈妈静静地陪姐姐收拾了一会儿，直到姐姐觉得好些了，并主动开口。妈妈虽然没有先开口，但她是具备好奇心的。好奇心是一种"不知道"的态度，不脑补、不妄加评论。

试想一下，如果妈妈推门进屋，无论是直接说"不管你生不生气，都不允许摔门"，还是试图共情姐姐说"爸爸吼你让你觉得不高兴了对吧"，其实都不够有好奇心，因为这些说法的背后都有成人的预设。

好奇心要求父母真正保持开放的心态，不仅关注孩子的问题和弱点，还关注孩子的兴趣和优势，对孩子的内心世界始终保持探究的欲望。

同理心（E）

还是案例中的场景：

妈妈哄好了米粒后走进屋，姐姐正胡乱地推开床上的东西发泄着情绪。妈妈静静地陪她收拾了一会儿，姐姐觉得好些了，跟妈妈说："爸爸太不讲道理了！太不公平了！"

妈妈没有说什么，只是静静地陪姐姐收拾了一会儿东西，直到姐姐平静了下来，才亲了亲她，离开了房间。妈妈的举动是很有同理心的表现。如果一件事情对孩子来说压力很大，当孩子与父母沟通并体验到父母在情绪上的陪伴时，压力就会减少。此时妈妈的陪伴本身就可以调节姐姐的情绪，从而使她更容易应对痛苦。

丹尼尔同时提到，除了以上四种态度之外，还有一个非常关键的特征，就是爱。我们非常喜欢用"蓄水池"来做比喻。孩子就像一个蓄水池，父母在他生命早期给予他的爱就像是在为这个蓄水池储水。如果这个蓄水池装满了水，当这个孩子成年之后，无论是用这些水来种庄稼也好，浇树也好，都是有资本往外拿的。相反那些没有储满水的孩子是没有能力实现他后面灌溉的功能的，因为他自己就很匮乏。

爱给亲子双方的关系带来了安全感，并且在冲突和分离之后对关系加以保护和修复，如果我们再把爱（LOVE）放进 PACE 这四个态度，那我们就得到了修复依恋关系的良方：PLACE。请在"此时此地"就开始我们的修复之旅吧。

听懂自己的"大白鲨之音"

无论是游戏心态、接纳、好奇心，还是同理心和爱，都是修复依恋关系的有效行动。但问题是，很多父母即便是知道了应该怎么做，却总感觉有一股无形的力量在阻止自己去满足孩子的情感需要，这可能是存在于很多父母身上的"通病"。

我们可以回到陌生人情境测验去寻找答案，在实验中我们可以看到这样两个画面：

画面 1

黑发女士劳拉，年龄大概在 25 岁左右，双腿交叉坐在沙发上，看着她 3 岁的女儿阿什莉在离她约 40 厘米远的地方玩堆叠玩具。她离开了几分钟，刚刚回到房间里，看见女儿正在往支撑杆上安装形状不同的圆圈，她立刻开始小声地发出直接的指令，中间穿插着各种问题："那个是什么颜色？""那个蓝色的是什么形状？""六边形在哪儿？"

阿什莉绕着地毯爬来爬去，跟随着妈妈的引导，但是她却不转过身来面对妈妈，几分钟之后，她捡起一个玩具医疗工具包，拿着走到妈妈身边，试着要爬到妈妈的膝盖上。妈妈温柔地把小女孩推回到地板上，说："你还没有装完所有的圆圈呢。看，那个……还有那个！"她的女儿尽职尽责地回到玩具旁边，又添加上一个圆圈。然后她拿着玩具工具包再次回到妈妈旁边，这次她爬到了妈妈的膝盖上检查妈妈的耳朵，直到妈妈指出她还没有组装完所有的堆叠玩具。小女孩没有理会妈妈的提醒，用玩具听诊器听妈妈的心跳，试图引起妈妈的兴趣，妈妈没有看小女孩，而是望着地毯上那些散落的玩具零件。最后小女孩从妈妈的腿上滑下来，回到玩具旁边，背对着妈妈，把圆圈都放回了它们原本在的那个支撑杆上。

画面 2

18个月的德韦恩，终于从爸爸怀里下来坐在地毯上玩玩具。他背对着爸爸贾马，捡起来一个玩具锤，爸爸轻轻笑了，听上去有点不舒服，他说"没关系"，德韦恩立刻放下玩具转身哭了起来，然后回来用胳膊抱着爸爸的膝盖，贾马再一次把他抱起来摇晃着，拍着儿子的背一遍又一遍地说着"没关系"。

德韦恩一直待在爸爸的腿上，直到终于平静下来，爸爸才把他放了下来，小家伙又开始玩玩具。贾马默默地看着儿子大概15秒，然后贾马也坐到了地上，拿起一个玩具问德韦恩想不想要，德韦恩一直没有看他，但却规规矩矩地放下玩具，摇摇晃晃地走到爸爸身边，拿过奶嘴放到了嘴巴里。

这两个例子来源于为期 20 周的安全感圆环干预小组的观察视频描述，出自《依恋创伤的预防与修复——安全感圆环干预》一书。

读完对这两个画面的描述，你们观察到了什么？两个孩子的父母似乎都没有给予孩子真正想要的东西，对不对？

阿什莉希望得到妈妈的安慰，妈妈却只给予她教导；德韦恩想要自己探索，爸爸却试图把孩子带到自己身边。

不仅是实验中观察到的爸爸妈妈，我们身边也有很多这样的例子，比如孩子正在专注地玩玩具，家长却试图打断他进行喂饭；孩子想要跟妈妈玩耍、互动，但妈妈却一定要孩子专注地读完故事。

为什么我们总是给不了孩子想要的东西呢？为什么不肯跟随孩子的引导并满足孩子的需要呢？

答案是我们的脑海中存在着一个"大白鲨之音"。这个名词同样出自安全感圆环干预项目，为了让家长理解为什么父母的行为总与孩子的需求不一致，研究人员在课堂上播放了一段海滩的视频，但先后配上了不同风格的音乐。

请你阅读下面的文字，然后闭上眼睛想象文字中描述的场景。

此刻，你沿着一条小路慢慢抵达海滩，不知道从哪儿传来了音乐，是欢快清澈的钢琴曲，此刻出现在你脑海中的大海是什么样子的呢？可能是蓝天白云，一家人在海边嬉戏打闹的温馨度假画面吧。好，现在我们深呼吸，还是刚才的画面，但是背景音乐却换成了电影《大白鲨》中以大提琴为主旋律的阴森恐怖的配乐。现在你再看这片沙滩，又有怎样的感觉？

孩子的需要就像是那一片沙滩，面对那一片沙滩，我们脑海中就会响起属于我们自己的背景音乐。遗憾的是，我们自己的背景音乐大部分时候是"大白鲨之音"。到底什么是"大白鲨之音"？可以这样理解，养育者自己在小时候的很多需要并没有从父母身上得到无条件的满足，甚至很多求助行为会被忽视或者惩罚，从而使他们觉得这样的求助是危险的。这种把孩子的求助行为和危险联系起来的现象就是"大白鲨之音"。正常需求得不到满足的孩子会发展出另外一些满足需求的行为，比如察言观色、讨好或者努力取得一些成绩，当孩子做到这些的时候，可能会获得父母的关注和肯定，于是这样的行为变成了孩子满足自己需求的手段，虽然这些手段可能带来很多副作用。

父母内心的"大白鲨之音"

前面案例中讲到的妈妈劳拉，之所以对女儿阿什莉需要安慰的需求视而不见，是因为在劳拉小的时候，她寻求安慰并没有得到什么好处。劳拉的成长环境很恶劣，爸爸赌博，妈妈沉溺于毒品，在劳拉需要安全港湾时，父母都不在她身边。随着劳拉不断长大，她发现学业成就才是能够让她感到安全的港湾，于是专注于学习成了劳拉的救命稻草。

因此，当阿什莉需要安慰时，妈妈劳拉脑海中响起的是危险的"大白鲨之音"，那个声音告诉她，阿什莉此刻寻求安慰的行为是危险的，专注学习才能给女儿提供最大的帮助。

所以说，劳拉不是在冷漠地拒绝女儿的爱，而是通过引导女儿否认对安慰的需要，从而保护她免受暴露情感需求的危险。只是她忘记了，阿什莉不是小时候的她，而她，也不是无法给女儿安慰的妈妈。

其实，每一个愿意学习、愿意为育儿花费心力的父母都不想故意去伤害孩子，都是在尽其所能地成为最好的家长。但如果早期经历激活了他们内心的"大白鲨之音"，让他们在面对孩子的需求时，习惯性地使用自己已经形成的防御机制，而不是对当下实际状况进行准确评估，他们的孩子也可能会因此付出一些代价。

那我们该怎么办呢？

其实，最根本的解决办法是让我们的无意识行为不断地被提醒，只有我们自己意识到，才有可能选择其他的回应方式。

观看自己的育儿视频是一个很好的办法：你可以在带孩子的时候，拿一个摄像机摆在远处，把你们相处的画面拍下来，这不仅仅是观察，也是在记录孩子的童年生活，而这种方法被我们称为"儿童观察"。

在观看你和孩子的互动视频时，你可以思考以下问题：

● 你的孩子在做什么？

● 你觉得你的孩子需要的是什么？

● 你觉得你的孩子有什么感觉？

● 你在做什么？

● 你有什么感觉？

● 在当时那个瞬间，你需要的是什么？

● 看完这个视频，你觉得自己是否满足了孩子的需要？

在以上这些问题当中，有一些是观察类的问题，比如"你的孩子在做什么？""你在做什么？"都是在描述客观事实，就像是响起"大白鲨之音"的那一片海滩，本身并没有好坏之分。

有一些问题则是推断类问题，比如："你觉得你的孩子需要的是什么？""你觉得你的孩子有什么感觉？"它受我们脑海中的"背景音乐"的影响。

还有一些问题是需要我们自我反思的，比如："你有什么感觉？""你觉得自己是否满足了孩子的需要？"等。

通过这些观察、推断和自我反思，我们的觉察能力会越来越强。当我们带着这种能力进入到养育孩子的日常生活中，"大白鲨之音"的音量就会被慢慢调小。

当然，独自通过视频反思并提高我们的养育能力，也绝非一件容易的事情，因为我们很有可能无法准确判断孩子的需求是不是真实的，也很难看出来我们自己的做法到底有哪些问题。因此，如果你认为孩子有比较严重的依恋创伤，或者想要更好地成为孩子的安全基地，建议你借助专业咨询师的力量。

当然，听懂我们的"大白鲨之音"只是第一步，它让我们警醒，我们对待孩子时那些看似习以为常、自然而然的行为，背后其实都有深刻的原因。如果想要真正调低"大白鲨之音"，将涉及自我修复的内容，我们将在第 6 章继续深入地探讨这个话题。

提高父母的心智化能力

曾经看过《人物》杂志对一对母女的专访，母女间的相处模式让人很感慨。女儿要去美国上学（学校和专业是妈妈选定的），妈妈想去陪读，女儿很不情愿，甚至考虑过剪掉妈妈的护照，但最终妈妈还是跟去了美国。学校为了让大一新生尽快适应，便在开学前两周安排了各种活动。有一次女儿正要去参加活动，一开门发现妈妈堵在宿舍门口让她跟自己回去吃饭。

女儿当时就崩溃了，果断地拒绝了妈妈。但此后她却没有出现"我自由了，我可以拒绝你"的快乐，看到妈妈哭了，女儿反而产生了"我是一个坏女儿，我把妈妈弄哭了"的内疚感。

那段时间，用女儿的话来说："妈妈像个影子一样甩不掉，我就更迫切地想从这种关系里抽离一段时间。"她选择了冷处理，不跟妈妈见面，不回她的微信，最后妈妈终于回国了。但后来那几年，每次她回学校，妈妈都会流泪。女儿一方面觉得很痛苦，舍不得离开家离开亲人，另一方面又觉得很窒息，不敢回头看妈妈非常绝望的表情，这让女儿觉得很矛盾，很愧疚，压力也很大。

单凭专访中的只言片语，我们无法断定这个女儿和妈妈之间形成了怎样的依恋关系，但有一件事情几乎可以肯定，在这段关系里，并不是孩子离不开妈妈，而是妈妈离不开孩子。

每一次孩子想要自己做主、独立探索的时候，都被妈妈以爱之名保护起来，这种保护，实际上是安全基地功能受限的一种表现，也就是妈妈无法面对孩子要独立探索的需求。当孩子一再请求妈妈满足自己的需要时（比如上文案例中女儿不希望妈妈陪读，想参加学校活动以及希望开开心心地离开家去上学），却不断遭遇到妈妈痛苦和消极的回应（案例中妈妈执意跟去了美国，坚持让女儿回家吃饭以及每次分别时都会流泪），孩子就不会再尝试让养育者直接来满足这些需要，转而变成要么反抗，要么接受。反抗的孩子就像案例中的这个女儿，不再接受妈妈的安排，让陪读的妈妈回国。而接受的孩子则学着将家长的情绪稳定放在第一位，假装自己没有这些需求（无所谓）或有相反的需求（紧紧黏住妈妈）。

之所以会这样，是因为在生命的最早期，我们就是通过这种镜像化的方式来认识自己的。孩子正是基于父母对某件事情的体验，来决定他自己的体验，如果父母感到不安全，孩子怎么能感到安全呢？换言之，一个孩子刚开始并不知道自己是可爱的、招人喜欢的还是没用的、被人厌弃的，他也没有办法正确识别和区分自己内在的不同情绪。渐渐地，他通过父母看自己的眼光、对自己行为的反应，从父母的表情、语气、身体姿态等方方面面的信息中得出相应的结论——就像照镜子一样。

四年级的儿子放学回家后，非常愤怒地把书包扔到地上，径直冲进自己的房间，啪的一声摔上了门。家里人都面面相觑，不知道发生了什么。下面是父母的几种反应：

反应一：莫名其妙，这孩子乱发脾气；

反应二：这小子今天发神经，谁都甭理他，让他也尝尝没人搭理的滋味；

反应三：从孩子的表情上看出来他很生气，但是回家不打招呼还摔门，很不礼貌，我们也有些生气；

反应四：我们感觉自己被冒犯了，但这可能不是他的本意。他可能先需要冷静一下，等他准备好再告诉我们到底发生了什么。

面对孩子莫名其妙发脾气，你的反应是上面哪一种呢？

选择反应一的父母观察到了孩子的行为，但他们并没有把行为跟孩子的内在状态建立起联系；选择反应二的父母看上去比反应一更激烈、更冲动，但其实进步了一些，他们在孩子的行为和情感之间建立起了一点点联系；选择反应三的父母建立起了更多的联系，把孩子的行为和心理状态以及父母自己的行为和心理状态都联系了起来；真正厉害的是选择反应四的父母，他们可以在自己的两种心理状态之间建立起联系，同时还可以在孩子和父母的心理状态之间建立起联系。

以上的不同反应，实际体现的就是父母本人心智化水平的不同。所谓心智化，就是我们能够理解他人、共情他人，同时也能够让他人理解自己，当环境发生变化时能及时做出调整以合乎情境所需的基本技能。这种技能，是我们在从小跟自己的照顾者及其他人"镜像化"的过程中发展而来的，所以，还是回到那句话，"苹果掉下来时通常不会落在离苹果树很远的地方"，我们自己的心智化水平受限于培育了我们的"苹果树"，而当我们自己长成果树，也会接着影响我们结出的"苹果"。

当孩子感到危险或情绪失控时，会去父母那里寻找安全感。如果父母想让孩子感到安全，父母就需要自己首先有安全感。一个小女孩牵着妈妈的手走在公园里，一个老伯伯看到她很可爱，就从兜里掏出糖果想送给她。小女孩当然可以自己决定要不要接受，如果妈妈是放松的、笑眯眯的，即便小女孩不接受糖果也不会有消极的情绪出现，但如果妈妈突然紧张起来，拽着小女孩的手快速走开，那么即便她没有讲一个字，小女孩仍然可能会留下"这个世界是可怕的"印象。同时，这个小女孩深刻地感受到了妈妈的恐惧，就不会把妈妈作为安全感的来源。

这个情况很常见，经常有家长抱怨，"我让儿子写字认真一点，结果他冲我大吼大叫，我一下子就忍不住火气了"。感觉是孩子逼得父母不得不发火，实际上可能是父母自己心智化不足的表现。当孩子因为强烈的情绪状态，例如愤怒、恐惧、悲伤、羞耻等大发脾气时，心智化不足的父母会因为孩子的情绪激发自己也产生类似的情绪失控状态。在这种情况下，父母的介入可能会使孩子的情绪更加失控，而不是得到缓解。

那么怎么提升家长的心智化水平呢？西班牙殿堂级的心理学家卡洛斯·皮提亚斯·萨尔瓦（Carlos Pitillas Salvá）在他浓缩了多年研究经验的著作《未竟的依恋》中给出了三条建议：

◎ 将孩子放在心上，不孤立看待孩子的行为

之前看到过一个动人的故事。有个单亲爸爸，辛苦劳作了一天终于拖着疲惫的身体回到了家，他只想赶紧躺在床上，结果他一拽被子，发现儿子居然在被子里藏了一碗连汤带水的泡面，泡面翻倒了，把整张床都弄脏了。爸爸顿时火

冒三丈，觉得孩子太调皮捣蛋了，自己辛苦工作了一天，回家还不得安生，于是他气不打一处来，把熟睡的儿子拉出被窝揍了一顿。孩子边哭边解释，爸爸这才知道，原来孩子是心疼爸爸太辛苦，经常很晚回家都没有吃饭，于是帮爸爸泡了一碗泡面。但是孩子又担心放凉了，就想出一个"好办法"——把它藏在被窝里保暖。爸爸这才知道是自己误解了孩子，后悔不迭。

孩子的行为并非孤立出现的，行为的背后是动机、需求和情绪。有心理创伤的父母通常无法准确捕捉孩子发出来的信号，更无法对孩子的行为进行良好的解读。

◎ 放缓对孩子解读的节奏

很多家长都抱怨过孩子莫名其妙发脾气，但是，没有哪一场脾气是突如其来的。家长只看到孩子在安安静静地搭积木，却看不到他的内心可能已经是千军万马在翻腾。一块积木总是搭不好，试了几次之后孩子就烦了，于是把积木丢在地上。在家长看来，这孩子也太缺乏耐心了！殊不知，对于这么大的孩子来说，积木搭上去又掉下来，搭上去又掉下来，对他已经是莫大的挫折。孩子突然把积木往地上一摔的举动，在家长看来是莫名其妙地发脾气，但对孩子来说，可能已经是万般无奈下的举动。

想要更好地理解孩子，卡洛斯博士建议我们，当孩子出现异常行为时可以问自己以下几个问题：

- 和孩子玩得开心的时候，互动是怎样的？
- 孩子表现"异常"之前发生了什么？
- 孩子在做什么？
- 自己做了什么？
- 之后发生了什么？

通过对问题的复盘，可以放缓父母对孩子进行解读的节奏。回归纯粹的描述性的、客观的表述，能减少对孩子的僵化性解读，并提供一个新的观察视角。

◎ 以发展的眼光理解孩子的行为

一个朋友带着女儿参加了一场对他而言很重要的饭局，饭局上就他家这一个小孩子，其他大人自然都非常照顾他的女儿，特别热情地给她夹菜倒水。但是他女儿全程坐在那里也不说话，也不热情。爸爸非常气愤地说："像你这么孤僻，不懂得人情世故，长大了之后一定会吃亏的。"

这个爸爸就没有以发展的眼光理解孩子的行为，真正让爸爸焦虑的是担心孩子的个性在未来会吃亏。但一件事说明不了什么，父母不要给孩子贴标签。

如果父母可以更多地储备知识，了解各个发展阶段孩子的身心特点，把孩子视为发展中的人，不要拘泥于眼下的、一时的表现，父母的心智化能力就会进一步提升。

修复依恋关系的极简活动：共读绘本

前面我们讲了很多结构性很强的依恋修复方法，但是如果你觉得都太复杂了，还有一个非常简单、容易操作的方法可以修复我们和孩子的依恋关系，那就是每天睡前和孩子一起共读绘本，当然，最好是阅读与依恋关系相关的绘本。每天睡前，父母和孩子之间可以进行一次有仪式感的亲子共读，中间有眼神交流，有语言互动，有亲吻拥抱，而读的每一个故事都充满了温情和爱，就像每天睡前，亲子双方都在一起看一场"爱的连续剧"。我们知道，好的故事本身就是有疗愈效果的，既温暖了孩子，也疗愈了大人。

举个例子，如果选择了英国作家杰兹·阿波罗（Jez Alborough）的经典绘本《抱抱》，你大约可以和孩子一起展开一段这样的睡前时光，我们先看看这个故事讲了什么。

小猩猩和爸爸妈妈幸福地住在森林的深处。有一天，小猩猩跟着妈妈外出摘果子的时候和妈妈走散了。小猩猩开启了寻找妈妈的旅程。一开始，小猩猩兴奋极了，因为他从来没有独自进行过森林冒险。

他先是遇到了大象母子，大象和小象紧紧地依偎在一起，小猩猩大声地说着："抱抱！"

他又往前走，在树上看见了一团绿色的东西，走近一看原来是两只蜥蜴，他们也紧紧地抱在一起。接着他又遇见了蛇，他们也是幸福地抱在一起。

小猩猩有点难过了，他蹲在地上，开始想念起妈妈温暖的怀抱。大象和小象发现了迷路的小猩猩，决定帮助他一起寻找妈妈。

他们继续往前走，看见了小狮子在妈妈怀里快乐地撒欢，看见了长颈鹿小姐和长颈鹿先生甜蜜地头挨着头，看见了在泥潭里的河马小淘气趴在妈妈身上晒太阳。

可走了半天，唯独不见小猩猩的妈妈，小猩猩喊着"抱抱"，大哭起来。这时妈妈突然出现在了小猩猩面前，小猩猩高兴地朝着妈妈奔跑过去，大声喊着"妈妈"。妈妈紧紧抱着小猩猩，小动物们都开心地笑起来，纷纷彼此拥抱，故事就在欢声笑语中结束了。

这个绘本全书只有两个重复的字——抱抱，其实就是建立安全依恋关系最需要做的事情——父母与孩子进行亲密的身体接触。我们从哈洛的恒河猴实验中就可以发现，和喂养相比，拥抱、安慰才是孩子最需要的，而且后者比前者重要得多！在孩子小时候，父母还会因为他软萌可爱，经常亲亲、抱抱。稍微长大一点，父母就会把注意力集中在孩子的学习、特长培养等事情上，并且会觉得拥抱大孩子会显得矫情、别扭。然而，说一万句"我爱你"，都不如一个温暖的拥抱更能表达爱意。

如果你希望修复与孩子的依恋关系，那么不妨从共读这本绘本开始吧！你可以和孩子一起来做角色扮演。每看到一张动物拥抱的画面，就和孩子来一次抱抱。直到看到小猩猩找到妈妈的那一刻，就给孩子一个最深沉、最温暖的拥抱。在不知不觉中，你和孩子都感受到"爱我，你就抱抱我吧"的力量。

下面给大家推荐一些与依恋相关的绘本：

《抱抱》

《鹅妈妈布鲁斯》

《爷爷一定有办法》

《阿文的小毯子》

《贴心紫毛衣》

《玩具船去航行》

《古纳什小兔》三部曲

《小熊和最好的爸爸》

《大嗓门妈妈》

《小国王的小盒子》

　　在亲子共读时，如果我们选择了依恋主题的绘本，那么我们就可能从中发现依恋所需要注意的大部分要点，在读绘本的过程中就完成了建立安全依恋关系的家庭教育行为。比如读《阿文的小毯子》时，我们就会知道孩子喜欢那些在大人看来破破烂烂的旧玩具、旧毯子，其实是把对妈妈的依恋转移到了一个"过渡物品"上，让他们在没有妈妈陪伴的时候能够更好地感受到依恋。而《大嗓门妈妈》这本书，以一种震撼的方式告诉父母，对孩子吼叫会给他们幼小的心灵造成怎样持续而严重的伤害。那些极有价值的依恋知识，就隐藏在一本本五颜六色，或温暖或震撼的绘本里面。让我们这些做父母的在每天睡前的亲子共读中，慢慢理解孩子的需求，领悟成为"足够好的父母"的真谛。

第6章
如何修复成人的依恋关系？

我们受过的伤是如何传递给孩子的？

在上一章内容中，我们用"大白鲨之音"解释了为什么有必要修复成人自身的创伤。我们可以回想一下陌生人情境测验中的阿什莉，虽然妈妈劳拉亲密地陪在她身边，但当阿什莉的依恋需求（想要爬到妈妈膝盖上，要妈妈抱着）唤起了妈妈本身的创伤性记忆和情绪（寻求安慰是可耻的、危险的，专注学习才是最可靠的）。至少在那一瞬间，受过创伤的妈妈劳拉沉浸在过去的情绪中，失去了和当下情境的联结，在心理上对阿什莉来说变得遥不可及。

每当看到这样的场景，我们心中总涌起无限的悲悯，尽管劳拉无视阿什莉真正的需要，但我们对她无论如何也讲不出批评的话语，因为她是在尽自己所能为女儿做得更好。只是她没有意识到，她的女儿并不是当年的她，当她变成一位"老师"一样的母亲时，她其实是在把自己当年的应对策略强加给女儿。

这个影响在心理学上称为依恋创伤的**"代际传递"**。我们常常喜欢用导航来举例子，就像父母的大脑中已经预先下载了一套导航系统，当孩子出现"偏差"的时候，父母的导航没办法应对，因为在他们的系统中根本就没有这条路线，只能一次又一次地进行路径重算，试图把孩子带回到"规定"的路线上来。这看上去像是宿命一样，安全型依恋的妈妈，她的孩子也倾向于是安全型的，而不安全型依恋的妈妈，她的孩子也倾向于是不安全的。有心理学家将这种影响戏称为"育婴室的幽灵"，它无意识地"操控"着母亲，将这种未被识别和解决的创伤传递给她的孩子。（注：在这里仍需要再次澄清和强调一下，上面所说的"妈妈""母亲"是一个代指，是指每天跟孩子在一起的、孩子的主要养育者，也有可能是爸爸、爷爷、奶奶、外公、外婆等人。）

简单地说，就是你在早些年和你父母关系中体验到的依

劳拉小时候

当劳拉成了妈妈

恋创伤可能会以某种方式传递给你的孩子。一个最令人悲伤的事实就是，**你试图用你的方式保护孩子，让他远离大白鲨出没的水域，但恰恰是你的保护，给他们创造了新的"大白鲨之音"**。

在很多人的印象中，大都把"传承"理解为基因特征层面的继承，比如孙女的长相可能像爷爷，但是创伤是怎么从祖辈直接传到了孙辈身上去的呢？实在令人无法理解。

雅娜的爸爸出生在农村，那时家里很穷。爷爷奶奶都是农民，农忙的时候一天到晚都在地里忙活，即便奶奶快生孩子时也不例外，雅娜的爸爸就这样直接被生在了水田里。虽然被送进了医院，但爷爷奶奶都认定这个孩子够呛能活。没想到他相当顽强。他一岁以内又陆续得过几场大病，命悬一线，但都像出生时的遭遇一样，硬是挺了过来。

雅娜的爷爷奶奶对于这样一个屡次险些失去的孩子显然并没有感到更珍惜，事实上繁重的生活压力让他们根本无暇顾及他的成长。在他会走会爬之后，为了怕他一个人在家出现意外，爷爷奶奶下地干活前就把他用根绳子拴在桌子腿上，奶奶只是掐着时间到点回去喂他吃饭。直到雅娜长大了，还很多次听到他们直接埋怨自己的孩子（雅娜的爸爸）来的不是时候。

雅娜出生后，爸爸几乎一直是缺席的，他总有忙不完的事情，总也不着家，家里大事小事都需要妈妈来操持。让雅娜妈妈愤怒的是，她爸爸对其他任何人的需求都比她们娘俩的事上心。有时候好像是在刻意逃避责任。

在雅娜的记忆中，与爸爸相关的事情很少，她觉得爸爸是一个"没有什么感情"的人。在与爸爸为数不多的回忆中，她印象最为深刻的是大约在四五岁时，有次爸爸带她去爬山，爬到一半时，她实在爬不动了就坐在地上耍赖。爸爸很生气，责怪她没有毅力、不能坚持，越说越生气，竟然丢下她，自己上山了。小小的她坐在路边等了好久，爸爸才回来找她。

现在我们无法揣测雅娜的爸爸在生命早期，当他需要人陪伴的时候感受到多少恐惧，也无法体会他在跟父母讨要一点点抚慰却不得时体验过多少羞耻感。这类孩子长大后很容易疏远自己的爱人和孩子，表现为总是有忙不完的事情。而这些事情，可能是他们在潜意识中逃避回家，逃避面对亲密关系的借口（这也是雅娜的爸爸热心帮助外人、醉心于工作的深层原因）。

这类孩子小时候，往往被他们的父母视为麻烦的来源，恨不得他们一夜长大，不要给自己添麻烦。他们在为人父母之后，往往也见不得孩子撒娇、不懂事、无理取闹的样子。因为在他们脑海里，这些行为是会触发"大白鲨出没"的危险表现，小时候的自己如果这样做是绝对没有好果子吃的。因此他们往往主张早早训练孩子自立，反对"溺爱"。

这里的溺爱之所以加引号，是因为在这类父母的眼中，"溺爱"的标准特别低。一些跟孩子亲亲抱抱、举高高的亲密行为，或者对于一个四五岁的孩子耍赖不肯爬山的行为，如果应允了，都算是"溺爱"。

如果用精神分析理论来描述的话，雅娜作为一个柔软的小婴儿，她的痛苦、恐惧、愤怒或是其他强烈的情感，会激活雅娜的爸爸曾经体验过的那些恐惧和羞耻感。两位心理学家安斯沃斯和梅因都发现：回避型的照顾者往往会疏远孩子，反感孩子寻求依恋的信号。他们幼年时未被满足的需要和渴望对他们来说变成了痛苦和羞耻的源头，于是当他们在自己的孩子身上看到这些东西时，常常表现出冷漠和疏离，以免激发起自己的愤怒、消极和羡慕情绪。就上面这个例子来说，如果雅娜的爸爸对作为婴儿的她毫不理睬，那么她就会和当年那个无人照料的自己一样，激发起雅娜爸爸深深埋藏的对父母的怨恨；但如果悉心照顾女儿，同样会激发起雅娜爸爸的委屈和愤怒，为什么当年自己无法被如此温柔地对

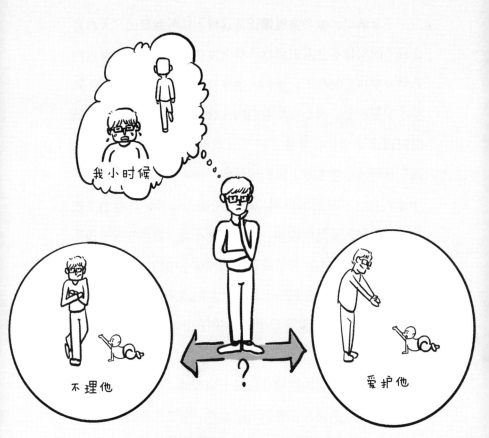

我小时候

不理他

爱护他

?

回避型照顾者内心的挣扎

待？也许正是因为如此，潜意识让他更多地选择了冷漠和远离。

不幸的是，很多像雅娜爸爸这样无法听到自己"大白鲨之音"的父母不会意识到自己身上发生了什么。他们发自内心地爱着自己的孩子，他们大部分时间对孩子都很不错，陪孩子学习玩耍，悉心安排他们的衣食住行，在他们取得成绩的时候真诚夸赞，唯独在孩子表现出想要"亲亲抱抱举高高"这些情感需求时，他们感受到一种难以形容的别扭。那些他们自己小时候极度渴望却被拒绝的痛苦，让他们本能地觉得这种需要是危险的，而他们绝不能让自己的孩子也陷入这样的危险中去。为了应对自己与孩子的情绪需求之间的冲突，以及他们潜意识中因此而产生的或多或少的愧疚，这种类型的父母往往主张早早训练孩子自立，坚决反对溺爱孩子。

如果雅娜爸爸的这种反应对于痛苦的"代际传递"体现得还不够明显的话，那我们可以来看一个更直接的案例。

李琳有一个5岁的活泼可爱的儿子。小家伙观察能力很强，平时喜欢模仿大人的各种行为，还模仿得惟妙惟肖，经常引得大人们哄笑和夸赞。

这天，李琳正在卫生间洗衣服，看到儿子端着一个杯子跟跟跄跄地走过来，走到卫生间门口后突然腿一软，整个人贴着门框往下跌坐到了地上。开始她以为儿子身体不舒服，急忙擦干手蹲下来询问，却看到儿子笑嘻嘻地举起杯子，做出邀请她干杯的样子。李琳突然反应过来，儿子是在模仿酒鬼。

这个场景让李琳回忆起自己小时候，爸爸经常喝得酩酊大醉。妈妈每次看到爸爸又喝成这样回家就怒不可遏，两个人会爆发激烈的争执，有时候甚至会大打出手。当这个回忆再次出现在她的脑海里的时候，李琳当时就崩溃了，她无法控制地坐在地上放声大哭起来，一边哭一边冲儿子大吼："滚出去，不准你再进这个门。"儿子被妈妈突如其来的发作吓坏了，他特别不理解为什么平时都会逗得妈妈哈哈大笑的搞怪行为，今天却会让妈妈号啕大哭。

有时候，当养育中的某个场景唤起父母的创伤性记忆时，父母的行为往往是在回应过去而不是现在。梅因认为，父母这种因为自己儿时的创伤没有缘由的发作"可能是特别令人费解或害怕的，因为父母出现这种反应的直接原因往往是正在发生的事件所激起的回忆，而非这个事件本身"。

那是不是小时候受到过创伤的父母成为养育者以后就一定会把创伤传给下一代呢？当然不是！

很多童年在依恋关系上受到创伤的成人，可能很难意识到一个非常重要的信息：每一个人成为父母的那一刻，就是一次绝佳的让改变发生的契机。因为它让我们有了一个机会从新的视角看待自己的童年，看看哪些情况下我们会像被按下了开关一样变得怒不可遏。而这正提示着在我们的哪些水域潜藏着"大白鲨"。到底是继续传递伤害，还是从此疗愈自己、温暖孩子，我们是可以做出选择的！

具体怎么做呢？总的来说，成人对自己依恋的修复过程，其实是比较明确的，一般分为两个过程：了解自己的依恋类型和阻断代际传递。

了解自己的依恋类型

先来做个轻松的测试，看看在目前的婚姻或恋爱状况中，你更符合下面哪一种情况：

- 我容易与别人亲近，而且，我依靠别人以及别人依靠我时，我都感到舒服自在。我不必担心被恋人抛弃或者恋人与我太过亲近。

- 与别人亲近会让我感到有些不自在。独立和自给自足对我来说非常重要。如果有人跟我太过亲近，我会紧张。恋人经常想与我更亲密一些，但那样我会觉得不舒服。

- 我想要跟别人建立亲密关系，但我经常发现其他人似乎并不愿意。我经常担心恋人并非真心爱我，或者会离开我。我渴望与某个人完全融为一体，但这种想法有时会把他人吓跑。

这是 1985 年丹佛大学的两位社会心理学家辛迪·哈赞（Cindy Hazan）和菲利普·谢弗（Phillip Shaver）在《落基山新闻报》上刊登的一则"感情测试"，邀请成年读者从三个选项中选出最符合自己的一项。哈赞和谢弗认为这三个选项分别对应了成人的安全型、回避型和矛盾型依恋。

在这个调查基础上，他俩还进行了一项叫作"爱与工作"的研究，再一次发现婴儿期依恋类型对成人职业发展的影响。例如矛盾型成人做事情总是拖拖拉拉，注意力不集中，容易因为个人原因影响工作。哈赞认为这与陌生人情境测验中的矛盾型依恋的婴儿表现极为相似，因为脑子里塞满了"妈妈去哪儿了"的想法而无法专注地向外探索。相反，回避型的成人却更可能是个工作狂，最容易因为工作影响个人生活。他们疯狂地投入工作却不停地抱怨自己太忙太累，哈赞认为他们"跟回避型依恋的婴儿很像——他们并不享受探索的过程，但却把所有精力投入其中"。

多年来，心理学家们试图通过各种方法搞明白一件事情，如果孩子的父母是不安全型的依恋，那么他们的孩子也一定是不安全型的依恋吗？哈赞和谢弗的研究只是其中之一。其中更有影响力的，还得提到我们第3章提到的心理学家玛丽·梅因。她在伯克利大学做的一系列关于儿童观察和父母访谈的研究，不仅表明了依恋类型会在代际之间传递，而且解释了依恋经历最终怎样融入成年人的心智。梅因也认为成年人有三类与依恋相关的心理状态，分别对应安斯沃斯发现的三种儿童依恋类型。也就是说，儿童的三种依恋类型分别对应着成人的三种依恋关系。

（注：关于成人的依恋类型，目前学术界说法并不统一，也有人认为成人有四种依恋类型。除了安全型和矛盾型是和儿童期一一对应的外，回避型依恋根据回避中焦虑程度的不同，逐步发展为了两种类型：其中高回避低焦虑的发展为疏离冷漠型（类似漠视型），而高回避高焦虑的发展为恐惧型。本书第3章中即采用了这种说法。）

儿童	成人
安全型依恋	安全自主型依恋
回避型依恋	漠视型依恋
矛盾型依恋	迷恋型依恋

下面是一名来访者的自述：

小的时候，我妈妈对我非常严格，检查作业的时候如果她发现我有一两个字写得不好，就会把整张都撕掉让我重写。如果我摆脾气不好好写，她还会再次撕掉。反复两次之后，我只能一边流着眼泪一边再写一次，但她会说："这次字倒是写得挺好的，但是你看，眼泪掉在本子上了，明天老师还以为你是不想写作业掉眼泪呢。乖，咱们不哭了，再好好写一遍啊。"说着又把那一页撕掉了。

看到这个案例以后，大家可能会想，这样对待孩子的妈妈一定会让孩子形成不安全的依恋，你看她对孩子多么严苛啊！其实，我们并不能从孤立的一件事情去判断孩子和养育者的依恋关系，一件事情发生在不同依恋类型的人身上，他们会有不同的解释。

如果用梅因在伯克利成人依恋访谈中的发现来解释上面

这个案例的话，我们会发现属于安全自主型依恋的成人能够清晰地描述家庭中发生的种种琐事，他们的童年也并非总是一帆风顺的，但总的来说，他们口中的父母至少有一方为年幼的他们提供了安全基地。安全自主型的成人，对应了安全型依恋的儿童。他们能比较客观地指出父母的优缺点，比如举出上面妈妈撕作业本的例子来佐证"妈妈对我非常严格"，同时可能还会补充："但是妈妈同时也非常照顾我的生活。我小时候很挑食，妈妈经常早上五点钟起床为我做饭，为的是我能吃到自己爱吃的，吃得饱饱的再去上学。"这样看来，养育了安全型依恋儿童的家长并非什么都做得很好，他们的养育只是在依恋关系上超过了"合格线"，或者说只是做得"足够好"。

属于漠视型依恋的成人回答心理学家的提问时十分防备，不愿过多解释。他们对访谈者表示出潜在的敌意，似乎很质疑访谈者为何要挖掘这些东西。谈及自己的父母时，他们往往用一些理想化的词语来形容，例如"我的妈妈特别和蔼，特别关心我们"。但当访谈者要求他们举个例子的时候，他们却往往举出撕作业本这种看上去与"和蔼、关心"不太对应的例子，但他们会随即自我辩解："正是因为我妈妈对我很严格，才让我写作业的速度比别人快了很多，在日后的考试中特别占便宜，并且她培养了我坚持不懈的精神。"

梅因认为，这些漠视型依恋的成人对应的是儿童依恋类型中的回避型。与那些回避型儿童一样，这些成人也通过某种机制屏蔽了一些重要的内心感受，让他们在看待父母的行为时，哪怕是那些其他人都明显感受到的不公，他们仍能加以合理化。梅因的研究同时发现，这种漠视型成人养育出来的孩子有 3/4 都属于回避型依恋。

属于迷恋型依恋的成人，执着于回忆早年父母对自己的伤害，在梅因的眼里，他们就是长大后的矛盾型儿童，即便他们现在已经为人父母，但当谈起自己小时候的伤痛与愤怒时，他们激动得犹如昨日："我一想到我妈妈那时候一遍一遍罚我写作业，我就气得发抖，根本就毫无意义，我甚至觉得她脑子可能有什么问题，故意给我找茬。"他抄起水来喝，却洒了自己一身。他愤怒地放下水杯，就好像二三十年前的情绪至今仍在涌动。梅因发现，他们的孩子绝大多数也对他们产生了矛盾型依恋。

更有甚者，后续有人用梅因的方法在伦敦进行了一场针对准妈妈的访谈，以预测未来她们生出来的孩子在 1 岁时参加陌生人情境测验中会显示出何种依恋类型，准确率居然达到了 75%。

那么，我们是否可以推断：一个人 1 岁时的依恋风格，就是他长大后的依恋风格呢？

现实情况其实复杂得多。还记得吗？我们在第 3 章介绍如何判断孩子是什么类型的依恋时反复强调，并没有天生就是回避型或矛盾型的婴儿，而是婴儿与他的照顾者建立起了回避型或者矛盾型的关系。问题在于，孩子可能会跟不同的照顾者建立起不同的依恋关系，因此儿时依恋风格这个单一因素无法固化成年人的依恋类型。也就是说，幼时的依恋类型不一定毫无改变地沿袭到成年期。

更何况梅因的研究有一个非常关键的发现：**一个属于安全自主型依恋的成人小时候不一定跟他的父母形成了安全型的依恋，关键在于他是如何回顾和理解自己的依恋经历的。**如果他可以用更加开放和自省的态度面对父母之前给自己造成的伤害，那么他就不会阻断自己的真实感受，这也使得他更容易释怀，不再纠缠于痛苦、愤怒和指责。正如我们在情绪管理课程中经常提到的一句话："情绪管理的目的并不是让你不再愤怒和悲伤，而是让你有能力在该愤怒的时候愤怒，在该悲伤的时候悲伤。"

如何阻断依恋创伤的代际传递？

越来越多的证据显示，有三个因素可以帮助我们打破依恋创伤的代际传递。这三个因素分别是：幼年时至少从一位照顾者身上得到比较充分的关爱和支持；接受深度的心理治疗；与自己的伴侣形成一段安全、稳定的关系，在关系中得到疗愈。当然，第三个因素有一个前提条件，就是当事人需要拥有较高的反思能力，才有可能在新的关系中得到疗愈。否则，他就可能会被过去的"幽灵"困住，无法形成新的健康的关系。

1. 幼年时至少从一位照顾者身上得到比较充分的关爱和支持

想想哈洛实验中的小恒河猴，它认为替代的妈妈也比没有妈妈好。如果一个人没能得到很多的爱，那么至少得到过一些，这就让他了解了爱一个人原本应该是什么样的感受，就会让他相信这个世界上依然有阳光，只是此刻没有照在他身上。因为他见过阳光，心里也种下了爱的种子。

如果在小的时候，没有得到妈妈的全然接纳和爱，却能够得到爸爸、祖母、祖父或者姑妈、姨妈的爱，孩子也是有可能形成安全型依恋的。

2. 接受深度的心理治疗

一个朋友分享过一件他的趣事。一天,他和女儿一起玩游戏,女儿在他头上戴了一朵特别大的太阳花。可以想象一下,一个大叔脑袋上别朵太阳花的感觉,之后他们去玩别的游戏时就忘了这件事。玩完游戏后,他出门去超市,走在路上的时候总觉得大家的眼神怪怪的,好像都在看他。直到结账时,收银台的服务员指指他的头,他才发现:天哪,自己居然戴着这么大一朵花就出来了。

分享这个故事是想告诉你,如果你需要接受深度的心理治疗,那看这本书有什么用。其实就像这个朋友一样,当他不知道发生了什么的时候就总会奇怪为什么大家要用这种眼神看自己,但当他知道了是因为自己头上的太阳花之后,他认知上的陷阱自然而然就被解除了。看这本书,能够让你意识到你的每一次喜怒哀乐其实都有意义,而对这些意义的探究,能够帮助你更有勇气、更好地生活。在你们亲子互动过程中那些看似毫无缘由、下意识的行为或许都潜藏着你刻意阻断和掩饰的需求,而这些,就是帮助你看到自己那朵"太阳花"的过程。

但是仅仅看到"太阳花"还是不够的,你还需要把它摘下来,"摘下来"这个动作需要借助专业的、深入的心理治疗来完成。这里我会推荐一种被主流心理学家共同认可的心理治疗方法——认知行为疗法,英文简称为 CBT。我们刚才说到了,成为安全型依恋的成人的关键因素是这个人如何回顾和理解自己从小到大的依恋经历。而认知行为疗法治疗师会带着你尝试用新的角度去看待自己的童年,并且重新的认识和理解自己的童年经历。当然,这里绝不是说其他流派的疗法效果不好,而是我们比较确认认知行为疗法对于依恋的修复是有效的和科学的,从而帮助大家节省时间。另外,还有一种效率很高的成人依恋关系修复法,也是我们在第 5 章引用和介绍过的"安全感圆环干预"(COS)团体心理辅导,由治疗师带领成人参与者进行全程 20 周左右的团体心理辅导,通过团体的治疗动力、参与者的相互支持和印证去修复个人的依恋关系。我们也会定期开设这样的心理辅导工作坊。

3. 在新的关系中得到疗愈

感谢心理学前辈们孜孜不倦地进行科普教育,让即便是没有接触过心理学的人也能对"原生家庭"这样的专业词汇了解得头头是道,这也促进更多人反思父母给我们留下的伤害。但是否会矫枉过正，只要有问题都认为"父母皆祸害"呢？

成人依恋研究告诉了我们很重要的一点，**我们改变不了自己的童年经历，但我们可以摆脱小时候形成的防御性和强迫性的心态，可以理解那些我们曾经理解不了的只能压抑或忘却的往事。**幼年的依恋创伤是在关系中形成的，因此最好的修复办法就是在关系中去弥补和疗愈。一个好的、安全的伴侣其实和一个专业的咨询师类似，都是对你无条件的接纳和客观的镜映，让你有机会用全新的视角去理解和接纳自己幼年的客观环境，重新体会那些被隔绝的感受，对失去的东西完成"哀悼"。最终，那些创伤的记忆被重新理解，作为有意义的和可以应付的体验保留在头脑中，并且同时使你发展出新的应对手段和策略。

所以，作为心理学工作者，我们祝愿你寻找到一名安全型依恋的伴侣，这样你在未来恋爱和婚姻的每一天都将会被理解、被包容、被疗愈。这样的伴侣让你有更多的机会来反思自己，重新审视自己，而不是相互折磨、相互消耗。如果伴侣能够明白"一个人最不可爱的时候，就是这个人最需要被爱的时候"，那他就是我们生命中的宝藏，值得好好珍惜。

参考文献

［1］ 鲍尔比.安全基地：依恋关系的起源［M］.余萍，刘若楠，译.北京：世界图书出版公司，2017.

［2］ 凯伦.依恋的形成：母婴关系如何塑造我们一生的情感［M］.赵晖，译.北京：轻工业出版社，2017.

［3］ 帕利.反思的爱：看见自己，看见孩子［M］.戴艾芳，译.北京：中国轻工业出版社，2019.

［4］ 佐佐木正美.我们的孩子：看见、倾听及改变［M］.周志燕，译.北京：北京时代华文书局，2020.

［5］ 鲍尔比.依恋三部曲·第一卷依恋［M］.汪智艳，王婷婷，译.北京：世界图书出版公司，2017.

［6］ 霍克.改变心理学的 40 项研究［M］.白学军，等译.北京：人民邮电出版社，2020.

［7］ Bowlby J. (1944). Forty-four juvenile thieves: Their characters and home-life, International Journal of psychoanalytic, 25, 19-53.

［8］ Bowlby J. (1951). Maternal care and mental health: World Health Organization Monograph Series N.2.

［9］ 蒋长好，邹泓．依恋研究述要［J］．安徽教育学院学报，2002，20(5):3.

［10］ 张玉沛，郭本禹．鲍尔比的依恋理论及其临床应用［J］．南京晓庄学院学报，2012(1):5.

［11］ 陈会昌、梁兰芝．亲子依恋研究的进展［J］．心理学动态，第 8 卷第 1 期．

［12］ Bowlby, J & Ainsworth, M. (1992). BrethertonI. The origins of attachment theory. *Developmental Psychology,* 28(5), 759-775.

［13］ Bowlby, J &Ainsworth, M. (2017). Patricia M.C.Gifts from Mary Ainsworth and John Bowlby. *Clinical Child Psychology and Psychiatry*, 22(3)，436-442.

［14］ Bowlby, J.(1952). *Maternal Care and Mental Health.*Geneva: World Health Organization.

［15］ Bowlby, J. (1958). The nature of the child's tie to his mother. *International Journal of Psycho-Analysis*, 39, 350-373.

［16］ Bowlby, J. (1960a). Grief and mourning in infancy and early childhood. *The Psychoanalytic Study of the Child*, 15, 9-52.

［17］ Harlow, H.Fand Zimmermann, R.(1959). Affectional responses in the infant monkeys. *Science,* 130, 421-432.

［18］ Lorenz, K.Z.(1937).The Companion in the Bird's World.*The Auk,* 54(3), 245-273.

［19］ Robertson, J& Bowlby, J.(1952). Responses of young children to separation from their mothers. *Courrier of the International Children's Centre*, Paris, II, 131-140.

［20］ Holmes, J.(1993). *John Bowlby and Attachment Theory.* London/ New York: Routledge.

［21］ Hinde, R.A.(1959).Behavior and Speciation in Birds and LowerVertebrates.*Biological Reviews,* 34(1), 85-127.

［22］Alsop, L&Mohay H&Bowlby, J&Robertson, J.(2001).Theorists, scientists and crusaders for improvements in the care of children in hospital.*Journal of Advanced Nursing, 35.*

［23］Bowlby, J&Ainsworth, M&Boston, M &et al. (1956). The effects of mother-child separation: a follow-up study.*British Journal of Medical Psychology, 29.*

［24］Ainsworth, M.(1913-1999). Attachment& HumanDevelopment, 1(2):217-28.

［25］Spitz, R. A.(1950). PSYCHIATRIC THERAPY IN INFANCY. *American Journal of Orthopsychiatry*, 20.

［26］高娇. 鲍尔比的依恋理论简介及其现实意义［J］. 社会心理科学，2012, 27(6):16-20, 87.

［27］谭笑. 鲍尔比论依恋的生物学基础及其意义［D］. 长春：吉林大学，2021.

［28］巴拉顿. 母婴关系创伤疗愈［M］. 高旭滨，等译. 北京：世界图书出版公司，2014.

［29］郗浩丽. 温尼科特：儿童精神分析实践者［M］. 广州：广东教育出版社，2012.

［30］李凤莲. 关于儿童依恋的研究综述［D］. 长春：东北师范大学，2008.

［31］吴放，邹泓. 幼儿与成人依恋关系的特质和同伴交往能力的联系［J］. 心理学报，1995, 27（4）.

［32］吴放，邹泓. 儿童依恋行为分类卡片中文版的修订［J］. 心理发展与教育，1994(2):18-24.

［33］Cassidy, J. (2016). *The Nature of the Child's Ties. Handbook of attachment: Theory, research, and clinical applications.*New York: Guilford Press.

［34］Main, M& Kaplan, N& Cassidy，J.(1985).Security in infancy, child-hood, and adulthood: A move to the level of representation. *Monographs of the Society for Research in Child Develop-ment,* 66-104.

[35] Main, M& Cassidy, J.(1988). Categories of response to reunion withthe parent at age 6: Predictable from infant attachment classifications and stable over a 1-month period. *DevelopmentalPsychology,* 24(3), 415.

[36] Waters, E.(1995). Appendix A: The attachment Q-Set(VERSION3.0). *Monographs of the Society for Research in Child Deve-lopment,* 60(2-3), 234-246.

[37] Waters, S E .(1977). Attachment as an organizational construct. *Child Development,* 48(4), 1184-1199.

[38] Alan, L &Sroufe, E & et al.(1977). Heart Rate as a Covergent Measure in Clinical and Developmental Research. *Merrill-palmer Quarterly.*

[39] G, Spangler, K, et al.(1993).Biobehavioral Organization in Securely and Insecurely Attached Infants. *Child Development,* 64(5), 1439-1450.

[40] Main, M & Hesse, E & Hesse, S. (2011). Attachment theory and research: Overview with suggested applications to child custody. *Family Court Review,* 49(3), 426-463.

[41] Ainsworth, M & DS, Bell, SM.(1970).Attachment, exploration, and separation: Illustrated by the behavior of one- year-olds in a strange situation. *Child Development,* 41, 49-67.

[42] Main, M & Solomon, J.(1990). Procedures for identifying infants as dis-organized/disoriented during the Ainsworth Strange Situation. *Attachment in the Preschool Years: Theory, Research, andIntervention,* 1, 121-160.

［43］Solomon, J & George, C.(2008). *The measurement of attachment security and related constructs in infancy and early childhood. In Cassidy J, Shaver PR, et al. Handbook of attachment: Theory, research, and clinical applications(2nd ed.).* New York:Guilford Press, 383-418.

［44］Hesse, E.(1999).*The adult attachment interview. Handbook of Attachment: Theory, Research, and Clinical Applications,* 395-433.

［45］萨尔瓦.未竟的依恋：理解和疗愈内在的创伤［M］.王佳祺，译.北京：人民邮电出版社，2022.

［46］鲍威尔，等.依恋创伤的预防与修复：安全感圆环干预［M］.刘剑箫，陈昉，译.北京：中国轻工业出版社，2019.

［47］Alice Boyes, Ph.D. https://www.psychologytoday.com/intl/blog/in-practice/201703/how-raise-securely-attached-child.

［48］董一诺.母亲元情绪理念与儿童情绪与行为问题：母亲应对方式的中介作用［D］.北京大学，2019.

［49］Gottman, J. M.& Katz, L. F.&Hooven, C. (1996). Parental meta-emotion philosophy and the emotional life of families: theoretical models and preliminary data. *Journal of Family Psychology,* 10(10), 243-268.

［50］Gottman, J. M.& Gottman, J.& Katz, L.&Hooven, C. (1997). Meta-emotions: how families communicate emotionally. Meta-emotion: how families communicate emotionally. *Lawrence Erlbaum Associates.*

［51］Saarni, C.& Campos, J. J.&Camras, L. A.& Witherington, D.(1997). Emotional development: Action, communication, and understanding ［J］. *Handbook of child psychology,* (3).

［52］Beebe, B.(2010). The Origins of Disorganized Attachment ［J］.

［53］Beebe, B., Lachmann, F. M. , Markese, S , Buck, K. A., Bahrick, L. E. , & Chen, H. , et al. (2012). On the origins of disorganized attachment and internal working models: paper ii. an empirical microanalysis of 4-month mother-infant interaction. *Psychoanal Dialogues*, 22(3), 352-374.

［54］ Ainsworth, M. &Blehar, M.C. & Waters E, et al. (1978). Measures and methods of attachment.

［55］ Waters, E. & Hamilton, W.(2000). The Stability of Attachment Security from Infancy to Adolescence and Early Adulthood: General Discussion ［J］. *Child Development,* 71(3), 703-706.

［56］ 休斯.爱与教养的双人舞［M］.曹慧，杨伟力，陈露，译. 北京：机械工业出版社，2019.

［57］ 范德考克.身体从未忘记：心理创伤疗愈中的大脑、心智和 身体［M］.李智，译.北京：机械工业出版社，2001.

［58］ 威廉.心理治疗中的依恋：从养育到治愈，从理论到实践 ［M］.巴彤，李斌彬，施以德，等译.北京：中国轻工业出 版社，2014.

［59］ 艾伦，福纳吉，巴特曼.心智化临床实践［M］.王倩，高隽， 译.北京：北京大学医学出版社，2016.

［60］ Shaver, P.R.&Hazan, C.(1994). *Attachment* ［M］.

［61］ Hazan, C., &Shaver, P. R. (1987). Conceptualizing romantic love as an attachment process. *Journal of Personality and Social Psychology*, 29(3), 270-280.

［62］ Hazan, C., &Shaver, P. R.(1990). Love and work: an attachment-theoretical perspective. *Journal of Personality and Social Psychology*, 59(2), 270-280.

［63］ Main M , Ijzendoorn M H V , Hesse E .Unresolved/Unclassifiable responses to the Adult Attachment Interview: Predictable from Unresolved States and Anomalous Beliefs in the Berkeley-Leiden Adult Attachment Questionnaire[J], 1993.DOI:http://dx.doi.org/.

［64］ Fonagy, P.&Target, M.(1997). Attachment and reflective function: Their role in self-organization ［J］. *Development and Psychopathology,* 9(4), 679-700.